高趣商思維

朱老絲 著

比智商、情商更稀有的能力！
創造不凡的「有趣」係數，
放大你的
表達力、思考力、行銷力、領導力

高寶書版集團

目錄

Part 3

我們的「有趣」去哪裡了？

Part 4

「有趣」的密碼是什麼？

Part 5

密碼一：內在系統

Part 8

密碼四：行事

引言

為何寫這本書？

「那個人真有趣！」

「哇，好有趣呀！」

「有趣的靈魂萬裡挑一。」

「那個人太無趣了，我想找個有趣的人做伴侶。」

「我們希望招聘有趣的人。」

……

「有趣」這個詞，時常在各種場合下被提及。這不禁讓我思考：當談論有趣的時候，我們究竟在談論什麼？當我們說一個人有趣時，這裡的有趣是指我們自身一種抽象的感覺或認知，那麼是什麼觸動了我們的這種感覺或認知呢？

到底什麼是「有趣」？

二〇二〇年新冠肺炎防疫期間，作為線下培訓講師，我的業務徹底停滯，於是我開始在線上自媒體平臺發布一些自己講知識的影片。沒想到在短短六個月的時間裡，就有一百多萬網友追蹤了我，一年後，我收穫了超過兩百萬網友的追蹤。在這個過程中，我發現網友在我的

影片留言裡屢屢提及「有趣」二字。

　　這個經歷，再次敲開了我思維的窗，讓我重新審視「有趣」：它究竟為我帶來了什麼變化？它只是博人一笑，還是有著更深刻的意義？我的經歷與思考，是否可以在更廣的範圍內為更多人帶來價值？於是，這本書誕生了。

　　在這本書中，我結合了豐富的人物故事、有趣的科學實驗、本人的親身經歷等多個方面，來探索「有趣」這個課題，這個過程本身也很有趣！在書中我們會探討：

　　・幾十位古今中外、各行各業有趣之人的故事，以及他們之間的共同點。

　　・只憑藉智商和情商就能帶來「有趣」嗎？還是說「有趣」需要另一層面的東西？

　　・基於大量的社會學、心理學、腦神經科學等科學研究成果，「有趣」對我們的工作和生活有哪些實實在在的益處（如內心狀態、人際關係、個人魅力等）？它為某些人帶來的成就或收穫是偶然嗎？

　　・在實踐層面，我結合自己十多年來作為諮詢顧問及培訓師累積的知識、經驗（尤其是「有趣」帶來的轉型）、大量的人物案例等，去發掘「有趣」的祕笈──到底如何做才能成為一個「有趣」的人。

　　這個探索的過程，讓我越發認識到「有趣」與人們生命中的一些重要的課題有著深刻的關聯，它不但可以讓你綻放有獨特辨識度的、更有魅力的自己，還會帶給你一種深層的能量，以及輕鬆、積極的狀態。同時，我也發現「有趣」是可以習得的。

如何閱讀本書？

本書的 Part 1 是後續章節的基礎，因為它定義了到底什麼是「有趣」，這個定義會貫穿全書。Part 1 會透過分享一些有趣的人的案例，讓大家對「有趣」建立全面的認知，並認識它與智商及情商的區別。

Part 2 會深入研究「有趣」對我們的工作、生活有哪些實際的好處，以及對於人生的意義，並透過一些有趣的科學實驗讓大家看到這些好處是如何產生並影響一個人的。

Part 3 則從「有趣」的反面來審視：為什麼有的人無趣，是哪些因素磨平了人們的「有趣」。

Part 4 到 Part 8 則是「解決方案」的部分——怎麼做才會變得「有趣」，我們如何獲得 Part 2 提到的那些益處。Part 4 會系統性地破解有趣的密碼，從外在層面到更為深刻的內在層面對「有趣」進行拆解，讓大家看到影響一個人是否「有趣」的四個層面。Part 5 到 Part 8 則會分別從內在系統層面、認知層面、表達ᵃ層面、行事層面給出變得「有趣」的具體建議。

除此之外，請留意本書中的一些專有名詞，比如「檸檬汁」、「榴槤蛋糕」、「直升機」、「乒乓球」、「三稜鏡」等，它們可以幫大家將神形兼備、色香味俱全的「有趣」理解得更好。

歡迎開啟「有趣」的大門。

---

a 本書涉及的表達指口語表達，書面語不在本書範疇。

PART 1
到底什麼是「有趣」？

讓我們從八個小故事開始。

01

這是一位演員。

在一九一四年的某個夜晚，他因為肚子餓，去了一家餐廳吃飯，在那裡他注意到一位正在喝湯的先生。吸引這位演員的並不是那位先生的衣著，當然也不是那碗湯（如果你剛剛認為是湯吸引了他的注意力，代表你餓了），而是……

鬍子！

沒錯，他居然被那位喝湯的先生像牙刷毛一樣整齊的鬍子深深吸引了。據他描述，每當那位先生用湯匙盛熱湯時，他的鬍子都會微微顫一下，彷彿在緊張地說：「天啊，湯要來啦！」而當這位先生喝湯時，他的鬍子會立刻上揚，緊貼著鼻子一動不動，彷彿又在說：「喂，我讓路給你，你可千萬別碰到我啊！」當時，看著面前這個有趣的場景，這位演員忍俊不禁，差點被自己的湯嗆到。

後來，這位演員就把他所看到的那抹鬍子作為裝扮，「移植」到自己的鼻子下面！在隨後的影視作品中，無論是扮演工人、流浪漢還是銀行職員等角色，他都戴著那抹鬍子，呈現了無數有趣且經典的表演給世人。

　　現在，你應該猜到他是誰了，他就是查理・卓別林，一位來自英國的演員、導演及編劇。

　　毫無疑問，他是個有趣的人。

02

　　這是一位畫家。

　　我們姑且不談他的畫有多棒，以及其作品拍賣到百萬元還是千萬元的價格，我們先來看看他是如何為自己的畫取名字的。

　　他畫了一隻鸚鵡，這本身沒什麼特別，但他把這幅畫取名為「鳥是好鳥，就是話多」。

　　他畫的一隻母雞，身邊有個剛下的雞蛋，他把這幅畫取名為「生個蛋犯得上這麼大喊大叫嘛」。

　　他畫了隻老鼠，取名為「我醜，我媽喜歡」。

　　真想知道，這些有趣的名字是怎麼想出來的。

　　還是這位畫家，在五十多歲時，去考了駕照；年過八十，仍然愛開敞篷跑車；八十三歲時，成為權威男性雜誌《君子雜誌》創刊以來最年長的封面人物；在九十多歲時，他向他老婆提議想在死前開一場追悼會，原因是「趁自己還沒死，聽聽大家怎麼誇我」。

　　他叫黃永玉，是中國著名畫家。

　　他也是個有趣的人。

03

　　接下來出場的這位男士是個非洲人。

　　他身高一百八，身材健碩，站在臺上時表情頗為嚴肅，一本正經地對著幾百人說道：「每當深夜我獨自在家時，我感覺並不是很自在。」

　　臺下的觀眾沒有反應。他頓了幾秒後，又假裝不好意思地解釋道：「換句話說，就是……我怕黑。」

　　這句怯懦的坦白與他健碩的形象的反差引來一片哄笑。

　　他繼續嚴肅地說道：「每當半夜去上廁所時，我總是面臨一個難題：到底要把燈打開還是關著燈呢？因為打開燈可能讓我接下來睡不著，而關著燈……我又好怕怕。」

　　觀眾又被他微妙的內心語言逗樂了，因為在生活中許多人都有過類似的經歷。

　　隨後，他自豪地補充道：「但是後來我選擇關著燈！因為我發現

了一個可以幫我抵抗恐懼的祕訣，那就是在去廁所時，用俄式英語和自己說話來壯膽。（在這段表演之前，他已經表示俄式英語是世界上最彪悍的口音）這樣會讓我覺得自己是深夜裡最危險的生物！」他提高了聲調：「所以我會在半夜三點，光著腳，一邊走向廁所一邊用俄式英語自言自語……」

隨即，他昂起頭，挺著胸，一邊模仿半夜走向廁所的樣子，一邊用彪悍冷酷的語調大喊：「沒錯！大男孩要去尿尿了！」

說完，臺下響起了無數的掌聲與笑聲。

他是一名來自南非的脫口秀演員，也是美國政治吐槽節目《每日秀》的主持人。他的 YouTube 頻道、推特等社交媒體帳號上有超過五千萬粉絲。《時代》雜誌曾將他評為世界上最具影響力的一百人之一，他就是崔弗·諾亞，一個有趣的人。

04

「啊嗚……嗚……」湖上傳來一陣哭聲。哭的不是小孩子，而是一位成年作曲家。他哭的原因並不是因為寫不出曲子，更不是出於獨特的作曲方式，而是他不小心把他當作午餐的火雞肉掉進了湖裡。他認為那是個巨大的損失。

身為作曲家，他很敬業，也很優秀。一九二九年，三十七歲的他已經創作出約四十部歌劇，其中不乏廣受歡迎之作，他卻做了一個所

有人都沒有想到的決定——從歌劇創作中「退休」，去當一名美食家，專職品嘗、研究並烹飪美食。

　　莎士比亞在《第十二夜》中曾說：「假如音樂是愛情的食糧，那就奏下去吧。」如果莎士比亞用來做比喻的食物只是個配角的話，那麼這位作曲家則直接把食物作為主角來讚美：「沒有什麼是比『吃』更值得讚美的職業……胃口就是指揮家，指揮著我們的激情，喚醒了我們的行動。」

　　他一邊遊走於米蘭、波隆那、巴黎等地，探尋、品嘗各種美食，一邊研發美食。數年間，他研發出幾十道食譜，其中最為著名的是那道流傳至今，法國餐廳菜單上必備的「羅西尼牛排」。

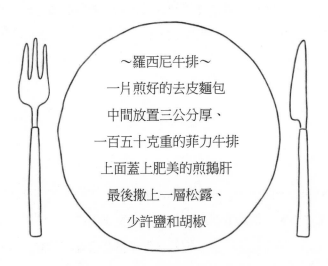

~羅西尼牛排~
一片煎好的去皮麵包
中間放置三公分厚、
一百五十克重的菲力牛排
上面蓋上肥美的煎鵝肝
最後撒上一層松露、
少許鹽和胡椒

　　為什麼叫「羅西尼牛排」？因為它是以這位作曲家的名字來命名的。他就是焦阿基諾·安東尼奧·羅西尼，是義大利作曲家，確切地說，

是義大利作曲家兼美食家。

即便「退休」了，他依然會在生活間隙創作一些小曲，例如包含四首鋼琴獨奏曲的合集（被他稱作《四道前菜》，分別是〈櫻桃蘿蔔〉、〈鯷魚〉、〈醃漬小黃瓜〉、〈奶油〉）。

羅西尼去世後，他的名字被列入法國烹飪經典《拉魯斯美食百科全書》，像詩人但丁、天文學家和物理學家伽利略一樣，他被安葬在了佛羅倫斯的聖十字聖殿。葬禮那天，唱詩班所唱的歌曲正是他寫的歌劇《摩西》中的曲目。

他是作曲家還是美食家呢？總歸他是個有趣的人。

05

加利福尼亞州的一個酒吧裡，傳來一陣歡快的非洲鼓聲。敲鼓的不是非洲樂手，而是一位五十多歲的美國人。他頭髮花白，穿著橘色的 T 恤，雙手飛快地敲打著手中的邦哥鼓。他不僅會在酒吧演奏，還經常在劇場舞臺下的樂池裡和樂隊一起為音樂劇伴奏。不過，他在大部分時間裡，都穿著西裝站在講臺上講課，因為他當時的本職工作並不是鼓手，而是加州理工大學的一位物理學教授。他對這兩個毫不相干的領域懷有極大的好奇和熱情。

一九六五年，因為對量子電動力學領域的巨大貢獻，他獲得了諾

貝爾物理學獎[a]。儘管獲得了科學界最權威的獎項，但在課堂上，他總能把量子力學這種高深的知識講得通俗易懂、貼近生活並且妙趣橫生。他會對身邊的各種小事感到好奇，比如為什麼水龍頭的水流下來時會變得越來越細，為什麼昆蟲會被花瓣的顏色吸引等。他把這些話題拿到課堂上與學生探討，最終與量子力學扯上關係。

他作為原子彈研發製造的貢獻者之一，參與了原子彈的首次試爆，但他拒絕戴上特製的防輻射護目鏡，因為他覺得如此難得的場面，不能隔著黑漆漆的眼鏡看。最終，他選擇站在卡車擋風玻璃後面，裸眼觀看了爆炸全程。這個人就是物理學家理察・費曼。

比爾・蓋茲買下他講課影片的版權，以便讓更多的人可以免費看到。比爾・蓋茲說：「他可以用有趣的方式解釋任何事物。他非常有趣！」

上面幾個故事的主角都是名人，接下來的主角則是幾位普通人。

06

世界各地的航空局會用一些代碼來標示航線上的一些特定位置，用這些代碼與飛行員進行溝通並指導他們飛往正確的目的地。

例如從 A 點到 B 點，飛行員需要經過三個特定的位置，這些位置

---

a 一九六五年，理察・費曼、朱利安・施溫格和朝永振一郎一同獲得諾貝爾物理學獎。

以類似 GRNIN、HEHAW 這樣的代碼作為標示,而這些代碼中的字母組合並沒有其他含義。

儘管這些代碼在過去從來沒有變過,但在一九七六年的某一天,南茜・卡利諾夫斯基——美國聯邦航空管理局的空域和航空訊息管理主任和她的同事決定賦予這些代碼「生命」,他們開始篩選並採納一些帶有含義的、跟以往不同的詞作為代碼。

比如,飛往俄勒岡州,飛行員會經過代碼 BUXOM,意思是「豐滿」;飛往奧蘭多,會經過名為「米奇」(MICKI)的代碼,因為那裡有迪士尼;飛往愛達荷州,會經過名為「胸部」(JUGGS)的代碼;飛往堪薩斯州,會經過名為「肋骨」(RIBBS)、「辛辣」(SPICY)、「燒烤」(BARBQ)的代碼;飛往蒙特佩利爾,居然搭配了「火腿」(HAMMM)與「漢堡」(BURGER)作為代碼。

我要飛往「豐滿」

代碼忽然活過來了，變得如此生動！想像一下大家用新代碼溝通時的場景：

「喂！你要到『豐滿』了嗎？」

「到了，到了。」

「那接下來飛去『燒烤』吧？」

「我還是先去『火腿』那裡吧。」

發明這些代碼的人，真是有趣的人！

07

一位普通北京女孩，身高一百六，「略微」豐滿，體重大概八十五公斤，我們就稱她為「微微」吧。有一次，微微的公司舉辦外出旅遊，其中一個行程是體驗坐馬車。按照規定一輛馬車需要坐滿二十個人才可以發車，但她坐的那輛馬車當時只有十九個人。因為還差一個人，司機遲遲不肯發車。當時正在車上的一位公司主管著急了，便和司機爭執起來，兩人你一言我一語，對抗越演越烈，眼看司機就要爆發了！就在這時，微微起身走了過去，笑著拍了拍司機的肩膀，又指了指自己說：「大哥，你看！我這個體型，夠不夠當兩個人？」

本來想發脾氣的司機瞄了微微一眼，噗哧一聲笑了！全車的人都跟著哈哈大笑起來。

「我都一個抵兩個了，那我們就走吧。」微微接著說。

後來，司機真的就痛痛快快地發車了！

微微是我線下培訓課的一位學員，我認為她也是個有趣的人。

08

在一個夏天的中午，一個人頂著大太陽在公園裡四處尋找，他不是找廁所，也不是找冰淇淋，而是找人。終於，在一棵大樹下，他找到了目標。他要找的並不是熟人，而是一位他不認識的，看起來約七十歲的老奶奶。

他上前問道：「姊姊，您好，您知道什麼是『邏輯』嗎？」

老奶奶一臉詫異地說：「不知道。」

他又說：「那我嘗試跟您解釋一下好不好？」原來他的真實目的是尋找一位陌生的採訪對象。

老奶奶看著他，雖感覺莫名其妙，卻沒有拒絕。隨後他便開始幫老奶奶上起了邏輯課，極盡各種言語和手勢，一邊和老奶奶對話一邊解釋「邏輯」這個抽象的詞語。隨著對話不斷地深入，老奶奶漸入佳境——越來越適應這突如其來的「授課」，慢慢地從摸不著頭腦到可以說出「邏輯」的含義。

「下課」時，他從背包裡取出兩個高腳杯，倒上提前準備好的冰鎮牛奶遞給老奶奶，老奶奶羞澀地舉起了杯，與他乾杯。

上面發生的這些，都被他的助手用攝影機錄了下來，並在獲得老奶奶的許可後，剪輯成了一支名為「給老奶奶講邏輯」的影片發到了

網路上。雖然這支影片的畫面粗糙，剪輯拙劣，卻在網路上獲得了超過一百萬次的觀看次數和幾萬個讚，網友直呼：「太好玩了！這個老師好有趣！」

這是他眾多影片作品中的一支。他在線下是一名職場培訓師，在線上是影片創作者，專門用有趣的方式演繹知識。從發布影片開始後的一年多內，他標記「有趣」標籤的影片在網路上的累計觀看數超過一・二億次，而在網友對這些影片的留言中，「有趣」二字也出現數萬次。

這個人就是我。

讀到這裡你應該發現了，每個故事都提到了「有趣」二字。我們在日常生活中也經常會說「真有趣」、「那個人好有趣」。

那麼到底什麼是「有趣」呢？

這些故事中的人物有著顯著的差異，他們來自不同的文化環境、不同的背景、不同的行業，做的事情不同，做事的動機不同，帶給他人的反應也不盡相同。他們之中有的可能會讓人哈哈大笑，有的只會讓人在心裡覺得「嗯～有意思」，還有的則會吸引人們進一步去瞭解他們。但他們都和「有趣」相關。那麼到底是什麼在背後「作怪」，又是什麼在觸動我們？

為了探尋這個答案，我深入研究了上百位被人們認為有趣的人。這些人來自不同的領域，比如科學、藝術、商業、教育、文學、工業等；來自不同的時代，既有幾百年前的人，也有當代的人；有著不同的性別，既有男性，也有女性；有著不同的身分，既有舉世聞名的人物，

也有我們身邊的普通人。

　　我嘗試把故事中那些表層的東西撥開，去尋找其中更為抽象、更具普遍性的特徵。就好像將一百多顆咖啡豆進行烘焙和研磨，最終萃取出其中的精華——三十毫升的濃縮咖啡。

　　最終，我發現可以得到四「杯」這樣的精華，即有趣的人有四種特徵。

1. 獨到的視角

　　如果一幅畫的內容是一隻母雞和一個雞蛋，要是讓我幫這幅畫命名，我可能只會想到「母雞下蛋」這樣的名字。要是我再努力想一想，頂多會想到「努力的母雞」。而黃永玉擁有異常獨到的視角，他將這幅畫命名為「生個蛋犯得上這麼大喊大叫嘛」，以隱喻下蛋是母雞的分內之事，用不著自吹自擂。母雞的叫聲確實很大，「咕咕咯，咕咕咯」！而下蛋也不一定非得叫啊。多麼有趣！我怎麼沒想到呢？他是怎麼想到的呢？

　　漢堡明明是食物，竟然還可以做航線代碼！但這些代碼確實讓人無法忘記，比之前那些無意義的代碼有意思多了！那些人又是怎麼想到的呢？

　　這些便是獨到的視角帶來的有趣。

　　「視角」這個東西很奇妙，不同的人看同一個事物，可能有完全不同的視角。但不可否認的是，大部分人看待事物的角度是非常相似的，儘管這些看法不一定正確。例如：女生應該比較擅長做家務；做事情拖延是不好的；記憶不會被主觀意願改變；一個說話結巴的人，思維往往較遲鈍；一個人受到的威脅越大，越容易妥協；眼睛看到的就是真實發生的……

　　但慶幸的是，人類有好奇心。作家弗拉基米爾・納博科夫說：「好奇是最純粹的反抗。」[b] 好奇心是對什麼的反抗呢？我想它是對社會默認的常識和大眾認知的反抗。而人們認為「獨到的視角」有趣，或許

---

b 摘自《蘿莉塔》（Lolita），原文爲：Curiosity is insubordination in its purest form.

正是因為它為我們提供了進行這種反抗的希望。

認知好奇心

更具體地說，人類與其他物種不同的好奇心是「認知好奇心」[1]，被稱為「美國心理學之父」的心理學家威廉・詹姆士將其定義為「獲得更好或更完整認知的衝動」。[2]

當某人拋出一個看待事物的視角，和我們的視角不同，我們便會啟動認知好奇心。具體來說，認知好奇心透過三種驅動因素促使我們去關注或探索特定資訊：

- 獲得刺激或啟發
- 消除不確定性
- 獲取知識

在前面的例子中，黃永玉先生的視角就像一隻小鳥撞在我們腦門上，**刺激或啟發**了我們，並讓我們停下來品味其中的含義，這屬於第一種驅動因素。假如你和某個人在樹林裡散步，這時蜂窩裡飛出一隻蜜蜂，牠蜇了你卻沒蜇另一個人，在繼續往前走之前，你會因為擔心而想搞清楚為什麼只有自己被蜇了。這便是第二種驅動因素——**消除不確定性**。譬如當你正在看月亮，朋友提出一個問題：「人的肺部要達到多大的壓力值，才可以把一口氣吹到月亮上，讓嫦娥可以聞到你嘴裡薄荷口香糖的味道？」你為了揭開這個浪漫的謎題翻開落滿了灰塵的物理課本，這便是第三種驅動因素——**獲取知識**。

正是這種認知好奇心推動著人類的科學進步、教育發展等。如果人類沒有認知好奇心，或許我們永遠都無法理解為什麼船槳在水裡看

起來是彎曲的，無法弄清糖尿病的發病原理與治療機制，也不會發現月球上也有山脈。

　　我們因為一個獨到的視角而覺得一個人有趣，不僅因為它啟動了我們的認知好奇心，還因為產生好奇的過程是愉悅的。

獎勵般的甜蜜

　　美國加利福尼亞大學的心理學教授莎莉絲特・吉德試圖透過一個神經系統科學實驗來觀察人們在產生認知好奇心時，大腦有什麼樣的體驗。在實驗中，參與者會讀一些不同內容的資料，並標出哪些資料讓他們產生了好奇。[3]同時在這個過程中，實驗人員會透過功能磁共振技術對參與者的大腦進行掃描，觀察其大腦的哪些區域會被啟動。

　　實驗結果表明，當參與者對某些資料產生好奇時，大腦中活躍的區域正是產生獎勵期待時被啟動的區域，也就是說好奇觸發了獎勵期待的狀態。

什麼是「獎勵期待」呢？想像一下：小時候在你生日的前一天晚上，當媽媽說明天會送一個讓你驚喜的禮物時，你是什麼感覺；或者當你去聽一場期盼已久的音樂會，布幕緩緩拉開時，你是什麼感覺；再或者當你餓著肚子來到教室，剛坐下同桌就說她書包裡有一塊巧克力餅乾時，你是什麼感覺。

以上這些感覺就是「獎勵期待」——我們對那些還未發生，但可以獲益的事情所產生的積極、美好的憧憬或想像。

獨到的視角會觸發我們的認知好奇心，這個過程就像媽媽的禮物、同桌的巧克力餅乾一樣美好，難怪我們對獨到的視角如此著迷。

2. 非常規的行為

如果翻看前面的故事，你會發現有些人之所以讓我們覺得有趣，是因為他們的行為方式與大部分人不同。

在眾多的喜劇演員中，唯獨卓別林把喝湯先生的鬍子戴到了自己的鼻子下面，這個非常規的裝扮成為他的一個獨特標誌。雖不能說這是演出成功唯一的決定性因素，但據卓別林回憶，當時的演出效果非常好，因為在這之前，觀眾從來沒有見過與鬍子相關的滑稽表演。除了鬍子，他還運用了大量其他讓觀眾覺得有趣的方式，但這些本質上都是觀眾沒有預料到的行為，例如帽子掉落、突然跌倒等。就像卓別林自己形容的那樣：「我無意中找到了搞笑演出的祕訣，那就是出其不意。」

當我把黃永玉先生五十歲考駕照，八十歲開跑車的故事講給朋友聽時，她說一定要講給自己的母親聽一聽，因為她覺得這個老先生和

同齡人太不一樣了，她希望別具一格的老先生可以啟發母親，讓她也突破一下自己。

同樣，費曼拒絕戴護目鏡去觀看原子彈爆炸也不是一個常人會做的事情。

在「給老奶奶講邏輯」那個影片中，假如我對著鏡頭正襟危坐，一板一眼地講解：「邏輯是個抽象概念，它是指事物之間……」無論我講得多麼正確，邏輯性多麼強，大家都不會認為這是有趣的。而觀看者紛紛留言有趣，是因為影片裡講授知識的方式和常規的方式不一樣。首先，我不是在教室講，而是在戶外隨便找了一個陌生人跟人家講。其次，這個陌生的「學生」也不太合常規，她不是學生或者上班族，而是個可愛的老奶奶。最後，講知識的過程也不合常規，在影片的前半部分，老奶奶根本聽不懂我講的「邏輯」到底是什麼，而我也急得滿頭大汗。因為我一開始刻意用晦澀的語言和她解釋，希望可以作為一個反例來演繹什麼是失敗的溝通，同時這種「失敗」也會讓大家覺得有趣，畢竟這麼笨的老師、這麼尷尬的教學場景實在是太少見了。

所有這些非常規的因素聚集一起，讓這次教學一方面顯得很「奇怪」，另一方面又贏得了大家的喜愛。

再比如，以前大部分畫家都是用畫筆在紙或畫布上作畫，但抽象表現主義繪畫大師傑克遜·波洛克在一九四七年創造了一種「滴畫法」——首先他把一大塊畫布鋪在地上，然後把顏料裝進帶孔的盒子裡，或者蘸在刷子上，隨後他一邊光著腳在畫布上走動，一邊把顏料滴濺在畫布上，形成複雜錯亂的網狀畫風。

這種獨特的畫風與行為引來了眾多仿效者，甚至引起了數學家與

物理學家的關注，因為他們想弄明白為什麼如此隨意的畫法依然飽富美感。後來波洛克的故事也被拍成了電影。

除了傑克遜·波洛克的「滴畫法」，藝術家愛德格·阿爾提斯甚至放棄了使用顏料，直接用洋蔥葉子、乾辣椒、石榴籽等擺出漂亮的裙子，還有的藝術家用鹽、釘子，甚至是輪胎作畫。這些奇特的畫法逐漸被眾多藝術培訓機構借鑑，並發展成為「趣味美術課」。這些有趣的藝術家的共通性也是「非常規」。

當然並不是所有非常規的行為都會帶來有趣。比如開會時突然罵一句髒話，在餐廳裡點了一盤菜又倒掉，都屬於非常規的行為，但我們並不會覺得這些行為有趣，而是會覺得無厘頭甚至怪異。非常規的行為如果要變得有趣的話，我認為需要有兩個基本條件：一是行為無論大小，都必須建立在積極的追求上，例如為他人帶來快樂、完成一個目標，或僅僅是為了讓自己過更好的生活等；二是不妨礙或不侵犯到他人。

（關於有趣的行事方式，將在 Part 8 展開。）

那麼，為什麼非常規的行為會吸引我們呢？

原始本能

其實我們每天睜眼看到的所有事物，超過九成都是我們熟悉的或者能預料到的：天花板的樣子、牙刷的形狀、馬路上計程車的顏色、公司電梯裡的味道、老闆門牙的色號，甚至客戶開口說的第一句話等。

但請想像一下，如果你所在城市的計程車在過去十年內一直都是黃色的，然後突然有一天，你看到路上有一輛粉嫩嫩的計程車，你會

不會多看兩眼這個靈動的「異類」？

　　再比如你們村子裡的豬都是白白嫩嫩的，但有一天你看到一隻淡紫色的小豬走著貓步 ᶜ 從你眼前經過，你會不會覺得這隻豬有點意思呢？當然，要是有隻白白嫩嫩的豬突然發出「喵嗚喵嗚」的叫聲，你同樣會覺得有點意思。

喵嗚～

　　我們每天都會看到常規的事物，這導致我們對它們的存在已經近乎麻木，甚至會直接忽略掉。而當非常規的事物出現時，它們會引起我們的關注，讓我們覺得：「哇！好新奇，有意思。」就連五個月大的嬰兒如果重複看到同一個東西，也會因為失去興趣而把頭轉向另一側，直到一個沒有見過的新東西出現在他們眼前。⁴

　　我們會關注新奇的事物，是出於動物和人類的原始生存本能。試想在遠古時代的某一天，我們的祖先在叢林中突然看到一種從來沒有

───────────

c　也稱台步，指模特兒在伸展台上的步法。

見過的紅色果子，他下一步會做什麼呢？自然是去嘗嘗啊。不過在吃之前，他還需要一個非常重要的條件，那就是吃的動機，得先有動機促使其走到食物面前，然後活動嘴巴周圍的肌肉，張開嘴，最後才能吃。任何維持生命的活動都需要動機，而動機也就是我們想要去做一件事的欲望。

那麼這和關注新奇事物有什麼關係呢？究其原因，我們在看到新奇事物時，大腦會自動分泌出多巴胺——一種神經傳導物質。多巴胺負責提供動機，而不是快感。

你可能會感到疑惑：吃還需要動機嗎？密西根大學的肯特‧貝里奇和特里‧羅賓遜在二〇一六年做了一個實驗[5]，他們首先給老鼠品嘗美味的甜點，老鼠會由於體驗到了快感而不斷想吃；但是當老鼠被人為地抑制了多巴胺的分泌後，牠獲得甜點的動機就全部消失了，直到被餓死。可見，一方面連吃這樣的事情也需要動機，另一方面多巴胺確實影響著我們做事的動機和欲望。這也是為什麼當我們看到那些新奇事物時，會在多巴胺的刺激下集中注意力並去瞭解這些事物，因為這是生存的一個必要保障。

因此，假設我們的祖先看到了沒有見過的果子，或者發現了一種長著四條腿、會跑的動物，卻沒有萌生去關注、去採摘、去捕捉的動機，他們可能早就餓死了。覓食、尋求配偶、繁衍、遷徙等生存需求都和關注新奇事物有關。儘管今天我們被粉嫩嫩的小汽車吸引不是因為想吃掉它，兒時的我們第一次看到旋轉木馬激動地飛奔過去也不是為了生存，但這個屬性一直在暗暗地刺激我們，讓我們去探索那些非常規的事物。

3. 幽默的表達

　　同樣的內容，由不同的人講出來，有人講得枯燥乏味，而有人講得會讓人臉部的十七條表情肌跳起舞來，這便是**幽默**的表達帶來的效果。崔弗·諾亞關於「大男孩深夜上廁所」的段子要是換一個人講，或許效果就會大打折扣。觀眾之所以覺得他有趣，是因為他總能把一些普通的小事，如深夜上廁所、坐飛機、遇到交通警察，甚至母親中槍這樣的遭遇講出花樣，講出幽默，把大家逗笑。

荒謬與合理

　　前面故事裡的女學員微微在那樣緊張的局面下說自己一個抵兩個，這遠遠比說「司機大哥，你趕快開啊」輕鬆得多，管用得多，而且瞬間化解了劍拔弩張的局面。

　　為什麼她的幽默能夠發揮化解衝突的作用呢？一方面，她的幽默很荒謬——一個人怎麼會等於兩個人呢？這完全偏離了邏輯；另一方面，這份荒謬在她無畏的自嘲下（因為我胖所以我可以抵兩個），又顯得如此俏皮。最終，伴隨著司機的笑聲，這份俏皮讓荒謬變得合理。你能想像一個忍不住哈哈大笑的人和別人吵架嗎？

　　正如人類學家阿弗列·布朗所說：「試圖抵制幽默，只會讓幽默更好笑。」[d] 崔弗·諾亞所說的「深夜講俄式英語就可以壯膽」乍聽也是荒謬的，但其語調和氣勢之間又確實有那麼一絲關聯，正是這種小孩子似的想法讓人們在思考片刻後捧腹大笑。

---

d　原文：Attempts to sanction humor formally only further empower the joke's significance.

幽默的表達讓我們覺得一些人有趣，因為正是透過幽默，我們才得以窺見那種可以在荒謬和合理之間自如轉換的珍貴智慧與勇氣。

必不可少的幽默

TED 演講應該是全球範圍內觀看人數最多的演講平臺了，在那裡演講過的嘉賓包括比爾·柯林頓、史蒂芬·霍金、比爾·蓋茲、《鐵達尼號》和《阿凡達》的導演詹姆斯·卡麥隆、李開復等人。TED 演講對嘉賓演講品質的要求非常高，嘉賓會從文稿、表達技巧等各個方面精心打磨一場演講，以便讓十五～十八分鐘的演講為觀眾帶來有價值且享受的體驗。

這樣高水準的演講會在多大的程度上運用幽默？

我做了一個統計，首先從 YouTube 上的 TED 頻道中找出觀看數最高的十個演講影片，這幾乎代表了觀看者最喜歡的影片。[e] 然後我數了一下這些影片中觀眾笑的次數，並算出平均每分鐘笑的次數（總次數／演講時長），即「笑頻」，以此來衡量演講者運用幽默的程度。需要說明的是，這些演講者並不是脫口秀演員或喜劇演員，演講的主題本身也並非搞笑類，而是類似「學校扼殺了創意嗎」這樣的中性主題。

結果在這些演講中，觀眾平均每分鐘笑了一·三次！在「拖延大師的腦子在想什麼」這場演講中，觀眾的笑頻甚至達到了二·四次／分鐘，平均每二十五秒觀眾就會笑一次！

---

e 非官方項目 TEDx 中的影片未統計在內，並去掉了兩個不適合笑的影片，一個是「下一場疫情爆發怎麼辦？我們還沒準備好」，其內容涉及觸目驚心的死亡數據，另一個影片講到了處決、饑餓至死、逃亡等話題。其他影片為「拖延大師的腦子在想什麼」、「怎樣說話人們才會聽」、「轉移注意力的藝術」、「精神病測試的另類解答」、「如何閉氣超過十七分鐘」、「識破謊言的假面」、「學校扼殺了創意嗎」、「肢體語言塑造你自己」。

　　笑頻為一‧三次／分鐘是什麼概念呢？讓我們來和喜劇電影做一個對比。影片媒體服務商 Lovefilm 按照觀眾的笑頻列出了史上最好笑的十部喜劇電影，例如《美國派》。這些電影的笑頻從一‧二次／分鐘到三次／分鐘不等，平均是一‧八次／分鐘。優秀的演講者透過運用幽默，居然讓演講產生接近喜劇電影的笑聲頻率！

　　當然，喜劇電影的時長更長，而且我們也沒有衡量笑的劇烈程度，不過結論是清晰的：優秀的演講者使用大量的幽默，讓自己的表達更有趣。

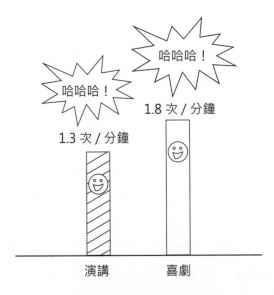

TED 演講與喜劇電影的笑頻

　　與非常規的行為和獨到的視角相比，幽默的表達是一種能更直接地讓人們感受到有趣的特徵。它讓人們窺見幽默背後的智慧與勇氣，

還讓人們從中獲得一絲輕鬆。

（關於如何讓表達更有趣，將在 Part 7 展開。）

4. 多面的合體

「你確定你以前是麥肯錫「顧問嗎？」這是一位網友看到我的簡介後，在影片下面的留言。我知道他是在調侃，因為影片裡出現的那個叫朱老絲的人，太不像麥肯錫顧問了。不過，這位網友的調侃也確實代表了不少人的疑惑。

「假顧問」的 AB 面

在創業做培訓之前，我曾在麥肯錫做了三年多的諮詢顧問。作為一家主要為各個行業龍頭企業的 CEO（首席執行官）或決策階層提供戰略諮詢的老牌公司，麥肯錫讓人們有了一種刻板印象：當提到麥肯錫顧問時，人們通常想到的都是「專業」、「商務」、「嚴謹」，甚至是「嚴肅」、「清高」這樣的字眼，對應的畫面也應該是西裝筆挺，皮鞋閃亮，牙齒上「鑲」著專業，瞳孔裡透著高傲的菁英形象。

然而，影片裡的那個麥肯錫顧問完全是另外一種畫風，他時而妖嬈，時而賣萌，時而把 T 恤套在頭上扮演女老闆，時而抬起小拳拳學貓叫，時而扮作被老闆搧耳光的呆萌員工，時而扮作村裡留著鼻涕的傻子。麥肯錫顧問怎麼可以這樣？這是個假顧問吧？難怪看影片的人會感到疑惑，甚至一些透過線下認識我的學員說，影片裡的我讓他們

---

f　麥肯錫是成立於一九二六年的全球化管理諮詢公司，連續多年被 Vault 評選為最受尊敬的諮詢公司，也被稱為「CEO 工廠」，這是因為在離職的員工中有超過三百位在規模超一億美元的公司任 CEO。

感到分裂。

　　我想這可能是大家覺得我有趣的另外一個原因。這個人既不同於大家印象中的麥肯錫顧問的樣子——多了「不正經」的一面，也不同於典型的搞笑創作者——多了商界顧問嚴肅的一面。就像一盒錄音帶有 AB 面一樣，只不過這兩面的音樂風格差別很大，一面是古典，一面是雷鬼或嘻哈。

　　二〇二〇年夏天，美妝品牌資生堂找到我，希望我為其新品「紅妍肌活露」設計並拍攝一支影片廣告，發布在網路平臺上。我剛開始有點矇，因為他們寄過來的用精美紅色玻璃瓶包裝的樣品分明是一款女性產品。溝通之後我發現，對方並不是要我展現女性魅力，而是希望我展現 AB 面的轉換之路，因為這正是他們當期產品的主題——從一面突破到另一面。

稀少的交集

作曲家有很多，可並不是每位作曲家都有那麼高的熱情去鑽研美食，開發食譜；可以講授光的粒子性和波動性的大學物理學教授也不少，但並不是每個物理學教授都有興趣去學習並演奏非洲鼓。正是 AB 面二者的碰撞，讓我們看到了羅西尼、費曼等人作為個體的豐富性。

這就像數學中的「交集」概念，有人是 A，有人是 B，而有人是 A ∩ B。

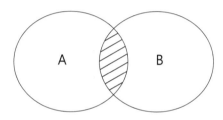

交集這個數學概念，在商業創新和藝術等領域也有廣泛應用，只不過是以更為抽象的方式呈現。例如在商業領域，租車、自助服務、分散式停車三者的交集帶來了自助租車的商業創新；在藝術領域中，戲劇、音樂、舞蹈三者的交集碰撞出了音樂劇。

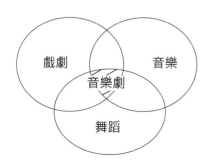

交集同樣能為人帶來有趣的碰撞。

我很欣賞踢踏舞大師格雷戈里・海因斯，和其他踢踏舞者不同，他會在雙腳舞動出美妙的弧線和節奏的同時放聲高歌，帶給觀眾視覺和聽覺的雙重衝擊；後來，他還在自己出演的電影《白夜》中融入了踢踏舞。踢踏舞、演唱、電影的交集使他比普通的舞者更有吸引力。

那麼為什麼我們會覺得處在交集的人更有趣呢？因為交集更稀少，也更立體。

格雷戈里・海因斯[6]

我在麥肯錫工作期間，曾作為面試官面試過大量的應聘者，其中有一個週末，我在清華大學面試了十六位應屆畢業生。但在週日復盤做最終篩選時，我很難清楚地回憶起每一個人的情況。那麼，什麼樣的面試者會打動我呢？如果他只是每年成績名列前茅，我不會有太深

的印象，因為當時有好幾位學生的成績都很優秀。如果他曾獲頒小提琴比賽一等獎，我仍然印象不深，因為其他人也有特長。但如果他既有成績突出的一面，又在其他方面拓展興趣，那麼我會印象很深。

多面就一定有趣嗎？不一定。

首先，不論一個人是有兩面還是更多面，都不能太淺顯，雖然不一定要達到專業等級，但得有一定的建樹或深度，因為深與淺存在顯著的區別。假如一個人只是喜歡在 KTV 唱歌，那麼這一「面」就不太能成立，可要是他學過美聲唱法並且利用業餘時間參加合唱團，這就能稱得上一個「面」。

其次，多才多藝和有趣之間並不能畫等號，有不少人從小參加各種才藝班，既是鋼琴十級又是奧林匹亞數學冠軍，他們或許會讓人覺得很厲害，但接觸之後，並不一定會給人有趣的感覺，因為就像我們從羅西尼身上看到的東西那樣，關鍵是透過多面的合體，我們看到了一個人對世界的好奇並且以超出一般的熱情去探索、去拓展，這種由內而生的東西才會感染到我們。

獨到的視角　　非常規的行為　　幽默的表達　　多面的合體

「有趣」的四種特徵

　　從以上可以帶來有趣的四種特徵[g]我們可以發現，有趣是一個多層面且深刻的定義。它不等於滑稽，也不僅僅是幽默，它既可以表現在一個人的行為或表達方式上，也可以融入一個人看待世界的視角，又或是表現在我們作為個體的存在方式上。有趣帶給人們的可以是一種愉悅，可以是一種輕鬆，可以是一種認知上積極的觸動，又或者是一種帶有立體感的魅力。

　　需要說明的是，上面這四種特徵並不是互相獨立的，同一個人可以表現出多種特徵，而各種特徵之間也是相互關聯的。例如，幽默的表達可能會建立在一個獨到的視角上（比如講俄式英語可以在半夜壯膽）；費曼既有非常規的行為，也是個多面的合體；當一個人涉獵多面時，也會反過來激發一些獨到的視角（比如將鰻魚作為音樂主題），等等。

　　另外，成為一個有趣的人也並不需要同時具備以上全部特徵。哪怕一個人說話並不幽默，但如果他做事的方式很特別，打破了常規，也可以做到有趣。同理，一個人也不一定非要有很多面，哪怕他只鑽研一個特定的領域，當他看待問題的視角足夠觸動人們時，他也可以成為一個有趣的人。具備其中一種或多種特徵，就可以做到有趣。

　　（從 Part 2 開始，除非特殊提及，否則「有趣」均指代上述四種特徵中的一種或多種。）

---

g　有趣的人之所以讓大家覺得有趣，是因為他們所展現出來的外在特徵，即人們能看到的部分是有趣的。至於是哪些內在的東西在支撐「有趣」，我將會 Part 4 開始講解。

5. 趣商

　　我們總會由於不同的原因被一些人觸動或吸引，比如某些人智商特別高，可以做到過目不忘或背出圓周率小數點後五百位；某些人銷售能力特別強，他一年的業績比團隊裡其他人加起來還要高；或者某些人情商特別高，他在不同的場合都可以把話說得得體；某些人很有同理心，做事的時候總能顧及別人。這些人或多或少會受到人們的欽佩或欣賞。但是，當進一步思考前文中的故事時，我發現有趣的人表現出來的特質，似乎和智商高、情商高的人的特質並不一樣。

　　對於智商，基於被廣泛應用的「魏氏智力測驗」和「史丹佛－比奈智力測驗」中的測試項目[7]，往往指的是記憶力、數字推理能力、快速檢索能力、文本理解能力、抽象邏輯能力、視覺空間推理能力等。

　　對於情商，首先提出這個概念的彼得·薩洛維和約翰·梅爾教授給出了定義：意識到自身的情緒，管理自己的情緒（如惱怒、挫折），自我激勵，識別他人的情緒，處理人際關係。

　　對照智商和情商的定義，有趣的人身上的那些美好的特質被涵蓋了嗎？顯然沒有。智商和情商都高的人，不一定能把「深夜上廁所」的故事講得如此好玩，甚至都不一定會開口去講，也不一定能為母雞下蛋這樣的畫作取一個如此讓人意外且有趣的名字；哪怕是經過專業的表演訓練，智商和情商都高的人也不一定能把吃晚餐時看到的鬍子變成自己滑稽表演的道具。當別人都在為身材發愁時，微微卻可以拿自己的身材開玩笑，從而化解一場衝突。當然，要拍攝一個有趣的影片作品，高智商和高情商也不足以成為一紙祕方。

　　帶來有趣的那四種特徵所蘊含的能力與特質，是和智商、情商非

常不同的東西，我稱其為「趣商」。

趣商與智商和情商有何不同呢？例如：高智商可以幫助啄木鳥在樹上快速找到最軟的部位，然後用喙鑿出個小洞把榛果藏好，而趣商高的啄木鳥在樹上鑿洞時，還不忘咚咚咚地敲出〈土耳其進行曲〉般的節奏，從而讓這個重複性動作不再枯燥。高智商可以確保螞蟻找到回家最短的路，而趣商高的螞蟻還會在路上用腳印踏出一個可愛的心形。情商高的猴子能在社交關係複雜的森林裡混得遊刃有餘，而趣商高的猴子還會向啄木鳥學習打擊樂，向螞蟻學習腳印作畫法。

趣商代表了那些能夠幫我們獲得四種有趣特徵的內心狀態與能力。我將在 Part 4 開始進一步解開趣商的密碼，即如何才能變得有趣。

當然，趣商、智商和情商並不是對立或互斥的關係，而是相輔相成的，就像智商和情商之間的關係一樣。例如，趣商以一定的認知能力為前提（將在 Part 6 詳細展開），認知則以智商或者情商為基石，但智商和情商絕不等於趣商。

在探討如何變「有趣」之前，先來開啟一個重要的問題：「有趣」有用嗎？

測測你的「趣商」（簡單版）

①代表非常不同意，②代表不太同意，③代表中立，④代表同意，⑤代表非常同意

A1. 周圍的人（同事、朋友等）都認為我看問題的視角很獨特。

①　②　③　④　⑤

A2. 周圍的人（同事、朋友等）非常喜歡聽我表達一些觀點或見解，哪怕我講兩個小時他們都樂意聽。

①　②　③　④　⑤

B1. 我常常會做一些身邊的同事或朋友不好意思或不敢做的事（不包括違法的事情哦）。

①　②　③　④　⑤

B2. 我總是用和其他人非常不一樣的方式去做事。

①　②　③　④　⑤

C1. 我講話時，總會引得其他人發笑。

①　②　③　④　⑤

C2. 不論在什麼場合，我總是善於用幽默化解不輕鬆的氛圍。

①　②　③　④　⑤

D1. 除了本職工作，我還有另外一項會持續投入時間（五年以上）的愛好，且對這個愛好的掌握比身邊大部分人更深入。

①　②　③　④　⑤

D2. 我對不同領域都有著很強的好奇心，且會付諸實際行動，投入金錢
　　或時間（五年以上）去學習、探索。

　　① 　② 　③ 　④ 　⑤

測試結果分析

(1) 如果你有任意一項的得分在四分或四分以上，說明你已經具備有趣
　　的一面。

(2) 在 A、B、C、D 四類問題中（對應本章的四種有趣的特徵），把每
　　類中的兩個問題的得分相加（例如 A1 ＋ A2），得分在九分或九分
　　以上說明你在該層面上已經非常有趣了。

(3) 如果總分在三十六分或三十六分以上，說明你是一個從多個角度看
　　都非常有趣的人。

(4) 如果還未達到結果（1）的程度，說明你的趣商還有很大的提升空間
　　哦。

注意：（2）與（3）之間不存在高與低的比較關係。

詳細版趣商測驗請掃描下方 QR code，回覆「趣商測試」參與。

Part 2
「有趣」有用嗎？

你曾通宵達旦地值過班嗎？

我在泰國曼谷工作的那幾年，在西門子[a]的國際呼叫中心做過三個月的客服。這算是公司最底層的職位，我的薪水只夠負擔不到三坪的房租和基本的一日三餐。簡單來說，客服的工作內容就是接聽世界各地的企業客戶打來的求助或投訴電話，如：「喂！你們的系統又出故障啦！」

由於需要接聽來自不同時區的電話，這項工作是二十四小時輪班制，總共分為三個班次，白天兩個，晚上一個。夜班從晚上十點開始，持續到第二天早上六點，幾百坪的開放式樓層裡幾乎空無一人。即便如此，我還是經常主動申請去上更辛苦的夜班，因為這樣可以讓團隊的其他同事在晚上睡個好覺。當然，如果不是值夜班可以拿到雙倍日薪，我應該也不會那麼主動。

最初，我認為這份工作唯一有趣的地方，就是可以聽到世界各地的花式英語，例如舌頭伸不直的印度英語，鼻子氣不通的法式英語，乍一聽以為是日語的日式英語等。剩下的大部分時間是極其枯燥，甚至有些壓抑。一方面是因為日夜顛倒，夜裡辦公室幾乎沒有人，另一方面是因為許多客戶講的英語我聽不太懂。我在好不容易聽懂了之後，卻發現客戶總是翻來覆去問些同樣的問題。而且倘若我的態度稍有不好，還會被客戶訓斥，那麼問題又來了，當他們訓斥我的時候，他們的英語表達會突然變得複雜起來，我又聽不懂了，如此循環往復……

可是，在這樣無數個夜班裡，我沒有無聊的感覺。因為經常和我

---

a 西門子是一家德國的綜合性跨國企業，由維爾納・馮・西門子和約翰・哈爾斯克於一八四七年在柏林創立。

一起值夜班的還有一位夥伴，他叫 CJ，是泰國本地人。猜猜夜裡的那八個小時，除了接電話他還會做些什麼呢？他會用誇張的方式模仿那些客戶的口音，或者講一些剛剛學到的笑話，偶爾教我唱一些泰國歌曲；興致高昂時，他還會跳一段傳統泰式舞蹈。以至於後來，我也參與了這檔在空曠辦公大樓裡上演的「深夜自嗨秀」節目。我們自導自演，自己看，自己為自己鼓掌。

如果說當時那份枯燥乏味的工作是深夜裡渺無邊際的暗黑森林，那麼 CJ 帶來的就是點亮夜空的朵朵五彩繽紛的煙火，讓我不時地抬起頭，恍若置身另外一個世界。十多年過去了，我現在回想起這段經歷

仍然感覺滿是樂趣。

　　正如我們看到的，有趣不僅僅是人作為個體的一種存在形式，它還是有益的，它對於我們的心理狀態、表達、人際關係、個人魅力等方面都有獨特的作用。

1. 有趣與心理狀態

　　在上面這個故事中，我面對的情況 ── 工作一成不變、缺乏新鮮感，應該也是許多人都會遇到的，可這些僅僅是我們在日常生活工作中，所要面對的眾多現實的一部分。每個人都會不可避免地遇到各種負面、黑暗的時刻，例如：被老闆叱罵一通，受到同事的排擠，被朋友背叛，付出了辛苦卻沒有獲得認可，好心勸告反被誤解，投資炒股賠光了一年的積蓄，被合作對象毀約等。在這些情況下，我們以何種心理狀態去面對這些艱難時刻就變得十分重要。心理狀態如同一艘輪船的發動機，它決定了我們是否還有力量繼續乘風破浪。

　　那麼，有趣對於我們的心理狀態會有什麼樣的影響呢？

　　在一項研究中，兩百五十八名參與者填寫了一份包含上百個問題的問卷[8]。其中有一類問題是關於他們幽默有趣的程度，如「我風趣機智的語言總會讓大家感到很開心」、「朋友認為我經常講一些有趣的事情」（讓參與者選擇同意的程度）。還有一類問題是關於他們在生活中的負面感受，如「每隔多久會感受到無力應對當下的困難」（讓參與者選擇頻率的高低）、「我會擔心不好的事情發生」（讓參與者選擇同意的程度）。

　　這兩類問題在問卷中會交錯出現。填寫完後，研究人員基於參與

者對第一類問題的回答——幽默有趣的程度,將問卷區分成兩組做進一步分析:一組幽默有趣程度較低,另一組幽默有趣程度較高。隨後在分析他們關於第二類問題的答案時,研究人員發現,兩組人在負面感受上有著明顯的區別:相比幽默有趣值低的那一組人,幽默有趣值高的人對於壓力和焦慮情緒的感知都明顯更低,前者的兩項分值分別是二十九‧七和四十四‧四,而後者只有二十四‧一和三十四‧二,後者比前者低二十%左右。[b]

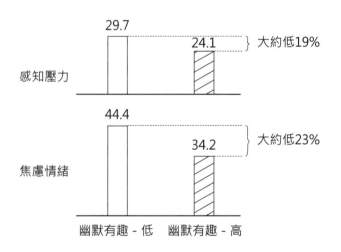

29.7

24.1　 } 大約低19%

感知壓力

44.4

34.2　 } 大約低23%

焦慮情緒

幽默有趣 - 低　　幽默有趣 - 高

不同的人感知壓力和焦慮情緒的差異

可見,有趣的人往往有較少負面感受。

從正面的相關性來看,心理學界以及醫學界的眾多研究也發現有

b 在該實驗中,參與者感知壓力的最高值是五十六,感知焦慮情緒的最高值是八十。

趣的人往往有著更加積極的情緒，諸如樂觀、滿足等。[9、10]

　　「正向心理學之父」馬丁・賽里格曼在研究影響一個人幸福感的因素時，也將「有趣幽默」列為其中之一。

　　如果我們從結果倒推原因，為什麼有趣可以帶來更積極的狀態呢？答案主要有兩點：它能帶來能量的補給與積極的視角。

能量補給

　　就像超級瑪利歐需要吃蘑菇、大力水手需要吃菠菜一樣，處在人生這場遊戲裡的我們也需要補充能量。在一個很「淘氣」的實驗裡，七十四名參與者首先被要求做了一項枯燥且難度係數頗高的任務——在一些文章中找出所有的字母「e」。[11] 這個任務的用意是在最大程度上耗費他們的腦力。接下來，參與者被隨機分為 A、B、C 三組並分別觀看了一段影片。

　　・A 組的人看了一段不帶任何情緒色彩的影片（向商科學生講授管理）。

　　・B 組的人觀看了一段讓人有舒適感的影片（海豚游泳）。

　　・C 組的人觀看了一段有趣的影片（豆豆先生）。

　　看完之後，參與者進行另一項非常複雜的任務：他們需要在電腦上閱讀很多份資料，每份資料都包含某位企業員工的大量基本資訊，例如年齡、所在部門、教育經歷、過往工作經歷等。然後他們基於每份資料上的資訊來猜測這位員工過往的工作表現，從高到低分為四個等級。每次在他們猜完後，電腦上都會顯示正確與否，猜對十位員工的表現才算獲勝。同時，如果參與者覺得難度太高或者太過無聊，也

可以選擇中途退出。

　　這個實驗最有意思的地方在於工作人員對電腦程式做了刻意設置，永遠不可能有人連續猜對十次。因此這個任務其實是模擬了一個枯燥且艱難的場景，就如同我們在生活和工作中，有時需要面對某些毫無盡頭的場景。這樣設置的目的是，觀察測試參與者何時會退出任務，看他們到底能堅持多久。結果發現，看了有趣影片《豆豆先生》的 C 組參與者，在這項不可能完成的任務中明顯比其他兩組堅持得更久，在退出前嘗試猜測的次數是另外兩組的兩倍多！

　　由此可見，有趣帶來的愉悅不單單是一種精神上的休息，它還像一個「能量棒」，給予人們能量補給，讓我們把在生活中損耗的電量補回來，為我們提供堅持下去的力量。這也就不難解釋，為何 CJ 和我可以憑著「深夜自嗨秀」熬過那麼多無聊的夜晚。

積極視角

　　假設馬路上的一位精神失常者向你身上扔了一個爛番茄，你會怎麼想呢？

　　(A)我怎麼這麼倒楣！

　　(B)那個人怎麼這麼討厭！

　　(C)他一定是在向長得好看的人示好。

　　同樣一件事，可以有很多種詮釋。而對事物的有趣詮釋帶給我們的不僅是哈哈一笑，還會在深層改變我們看待這個世界的角度。這也是有趣會使人更加積極的又一個原因。

　　梅遜・查伊德不幸天生患有腦性麻痺，無論她是坐著還是行走，全身都會不受大腦控制地不停抖動，甚至無法正常站立。但是，她在一次演講中是這樣說的：

　　「你們真的不用為我感到難過，因為在你們生活中的某些時刻，你們也曾經想成為我這樣的人。例如，你在聖誕節開車去商場購物，繞著商場一圈又一圈卻找不到停車位時，你看到的是什麼呢？是十六個專門留給殘疾人的空車位！這時你會想：上帝啊，我能不能也有點殘疾呢？」

　　這時臺下的觀眾會心一笑，因為他們確實有過類似的想法。

　　查伊德以完全不同的視角來看待自己的殘疾：別人看到的是殘疾帶來的不便、劣勢，而她看到的是便利、優勢。這也是為什麼作為腦麻患者，她仍然能夠獲得一些正常人無法企及的成就──獲得亞利桑

那州立大學的表演學學位，並出演電視劇、舞臺劇，同時還是脫口秀演員。

這就叫作「積極重評」，即以積極的角度去重新看待並評估所面臨的問題。在前面那個兩百五十八人參與的研究中，就有一些問題是關於人們會在多大程度上應用積極重評。譬如：有的問卷題目是「我遇到的問題幫助我發現了生命中更重要的事情」（讓參與者選擇同意的程度）。結果顯示，幽默有趣值高的人往往會更頻繁地使用積極重評。[c]

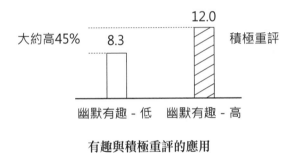

有趣與積極重評的應用

可見，有趣除了是「能量棒」，還是一個「三稜鏡」，平淡的光從一端進入，在另一端會折射出紅、橙、黃、綠、藍、靛、紫。

2. 有趣與表達

「如何判斷一個犯人是在說謊呢？那就是當他的嘴唇在動時。」

聽到這句話時，在場所有的獄警都笑了。這是美國努瓦監獄的一

---

c　在該實驗中，參與者積極重評的最高值是二十一。

名警官在新人培訓中向新進職員講的一個規則，後來被大家當作笑話廣為流傳，最後無人不知。無論這句話是否足夠嚴謹，這位警官的表達是成功的——他讓大家記住了這句話，並且輕鬆地傳遞出了它的含義——對犯人說的話要永遠保持懷疑態度。

試想一下，假如他不是用上面那句有趣的話來表達，而是說「大家要對犯人說的話保持懷疑態度」，可能遠遠達不到上述效果，這便是有趣給表達帶來的特別之處。

接下來，讓我們把鏡頭切換到以色列的一所學校。

這是在學校裡真實進行的統計學課程[12]，參與課程的一百六十一名學生被隨機分到了兩個不同的班級。其中一個班（一班）採用常規的教學方式，另外一個班（二班）則採用更為有趣的教學方式。針對二班的有趣教學，包含笑話、卡通漫畫等方式，例如老師在講到統計學中的「標準差」概念時，利用漫畫中探險家和鱷魚的有趣對話來進行解釋。

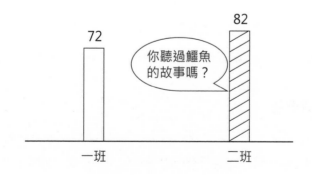

兩個班級的考試平均分數

一個學期後，一班和二班的學生統一參加考試。最終結果顯示，一班學生的平均分為七十二分，二班學生的平均分是八十二分，比一班整整高出了十分！

後來這個實驗在另外一群學生中再次進行，而且換成了不同的課程——心理學課。結果仍然一樣，接受有趣教學方式的那一組學生的分數明顯比較高。[d] 有趣為什麼會帶來比較高的分數呢？只是因為好玩嗎？

強化動機與思考

首先，一些更為細緻的研究發現，有趣的表達增強了兩個關鍵元素，即聽眾的記憶和理解。[13] 在有趣的表達方式下，人們對表達內容在一段時間之後的記憶留存程度，以及對表達內容裡各種資訊、觀點的理解程度都更高。

儘管以上是教學場景，但記憶和理解這兩個底層元素，是所有溝通表達中的關鍵。簡單來說，就是我們希望對方準確地知道我們要表達什麼，並且在一段時間後仍然保持深刻印象。

那麼為什麼有趣可以增強記憶與理解呢？

究其原因，在有趣的表達中，往往有一些和我們原本認知不太一樣的角度或者不同尋常的元素，例如 Part 1 中黃永玉為畫作取名的風格、崔弗用俄式英語來壯膽、南茜和她的同事用「漢堡」作為航線代碼等，這些都和我們一貫的認知有著明顯的不同。而這恰恰會激發聽

---

d 其他相關研究進一步發現，如果老師所用的有趣形式或內容與所講的知識無關的話，則不會帶來學生成績的提升。

眾大腦產生出兩個重要的活動：首先，產生更強的好奇心及動機去理解：這到底是怎麼回事？其次，進行比理解常規內容更多一層的思考：啊，原來是這樣！

倘若需要表達的內容，是我們非常熟悉或十分認同的內容，則不會激發上述兩個大腦活動，例如：跑馬拉松比慢走要難一些，公司管理階層員工比基層員工的薪水更高等。

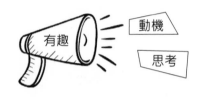

在之前那位警官的表述中，「嘴唇在動等於說謊」就是一種在人們意料之外的解釋——嘴唇動就一定是說謊嗎？這不合理啊。但正是這樣的意外和我們既有的認知相背，所以調動了人們的好奇心，使人們想去瞭解為什麼警官會這樣解釋。人們試圖理解這句話，透過認真思考，直到終於理解，這個反覆思考的過程加深了人們對這句話的印象，最終帶來了充分的認知。

這不禁讓我想起了我剛剛加入麥肯錫時，在迎新聚會上某主管讓二十多位新人做自我介紹，包括自己的愛好，有人說「我喜歡讀書」，也有人提到「我喜歡登山」等。

那天我隨口說道：「我的愛好是收藏古董相機，要是我們主管哪天把我給炒了，我至少還可以把那些相機賣掉，養活自己幾個月。」當時包括主管在內的所有人都笑了，不過，讓我吃驚的不是當時大家

的反應，也不是主管第二天沒炒掉我，而是在我們都已離職若干年後，有一次我和那位主管再次相遇，她居然還記得我那天說的愛好。

所以說，不論你是每天辛苦跑客戶的銷售業務，還是需要應對各色人種的服務生，是即將準備面試的畢業生，還是需要面對學生的老師、面對孩子的父母，是科技公司的產品經理，還是掌管上千人團隊的企業高階主管，都可以在與他人的交流中灑上幾滴有趣，它會揮發出奇妙的味道，帶來更好的效果。

我在影片作品中，也使用了大量有趣的元素來協助我進行表達，以便觀看者記住並理解裡面的知識。例如我在一個影片的開頭說道：「今天我們講『鉤鉤』。」然後我在鏡頭前把兩個迴紋針鉤來鉤去。

其實這個設計是為了配合我影片中講的一個知識：溝通中要有意識地接住對方的話，接話就好比用一個鉤子把對方的話鉤住，所以我用「鉤鉤」來打比方。

舉一個影片中的例子：一個人說「現在的菜價好貴哦」，另一人說「對，上次在超市買完菜結帳時，嚇我一跳」。透過肯定對方的觀點來接話，這就是在使用「鉤鉤」，而如果說「嗯，今天天氣真好」，這就沒有接住對方的話。

但如果我在影片中直接講「溝通中要接住對方的話……」就不會

那麼好玩了，同時給觀看者留下的印象也不會太深。好幾個月之後，仍然有人在我的社群裡不斷提起那個知識點，他們的用詞並不是「如何接話」，而是如何使用「鉤鉤」。

3. 有趣與人際關係

化解緊張

　　以前做諮詢顧問時，我最怕碰到兩種客戶：一種是要求嚴苛的，一種是態度嚴肅的。有一次，我碰到了二者的合體。那位客戶平時幾乎不笑，在不動聲色的面容下是一雙挑剔的眼睛，他似乎可以區分出十八種不同的白色。他姓方，我們在這裡就稱他為「方雙嚴」（化名）吧。

　　當時我剛剛進入麥肯錫不久，項目經理劉松（化名）帶著我和客戶雙嚴開會，並匯報我們的階段性建議。方雙嚴在場，現場的氣氛可想而知，他聽劉松講 PPT（演示文稿）時一動不動，好似一尊雕像，我一度以為他的臉部肌肉被按下了暫停鍵。忽然，方雙嚴站了起來，指著投影螢幕上的 PPT 說：「你們這裡的分析不完整啊，明顯少了一部分很重要的內容！」

　　這裡需要說明的是，作為諮詢顧問，在客戶面前最為貴重的元件，就是他們的建議以及建議背後的分析邏輯。因為這是客戶花高價期待換來的東西。如果諮詢顧問的分析被客戶指出存在瑕疵，那是一件相當嚴重的事情。因此，聽到這樣直接的否定，我心裡頓時慌了：「完了完了，方雙嚴說的有道理，怎麼辦？」

這時，只見劉松頓了幾秒，眼珠子一轉，然後看著方雙嚴笑了一下，指著牆上的投影螢幕，說了一句讓我萬萬沒想到的話：「啊，可能是這個投影螢幕太小了，所以那部分內容才沒裝進去。」什麼？這和投影螢幕大小有什麼關係？

讓我更沒想到的是，方雙嚴居然噗哧一下笑了！他不但笑了，而且轉眼之間從「方雙嚴」變成了「方不嚴」，他那包裹嚴實的外殼居然被劉松的一句玩笑融化了。隨即，他開始笑著和我們一起探討剛才指出的問題以及下一步的方向。而如果按照他往日的作風，等待我們的可能是一頓指責。

劉松的解釋顯然是不合理的，甚至是荒謬的，但就是憑藉這樣明目張膽的耍賴，這樣赤裸裸的頑皮，劉松反而把緊張的氣氛完美地化解了。用力量對抗緊繃，只會越來越緊；用頑皮去搔一搔，才會鬆開。

在人際交往中，我們經常會遇到一些不那麼輕鬆或舒適的場景，比如：

‧ 和不太熟悉的人見面時，由於不知道對方會如何看待自己的一舉一動，或者不清楚對方會做出何種反應，人們往往不會那麼自在，同時會刻意設起一道防線。

‧ 雙方的關係由於所代表的立場或者訴求不同，因此會處在很嚴肅的氛圍中，例如買賣雙方在價格上的立場不同，合作雙方在一個專案中的訴求不同等。

‧ 類似「劉松智鬥方雙嚴」這樣的場景，是由於雙方之間出現了一個重要問題，而這個問題導致了緊張的氛圍。

此時，有趣的言行可以有效地化解或打破尷尬氛圍，因為它有兩

種特殊作用：

    · 稀釋：就像在一杯濃烈的伏特加中，沖入一杯帶有氣泡的檸檬汁，它把氣氛中原有的嚴肅等級降低了，當人們發現了彼此更為放鬆、自然、真誠的一面後，自己也會更加放鬆，這是一個相互影響的過程。假設原來是九級嚴肅，那麼有趣的談笑與舉止將其稀釋後會降到二三級。

    · 轉移：就像用直升機把兩人之間的炸彈從原地拉走了。在相對緊張的氛圍下，人們的關注點往往在某一個點上，這時如果一個笑聲闖進來，這個點便被人們拋在了腦後。當然它不一定是真的消失了，而是已經變得不再是焦點。

在人際關係中，有趣除了能夠化解緊張，還可以進一步增進人們之間的親密感。

增進親密感

在一家星級飯店的廚房裡，餐飲經理湯姆走進來問：「宴會的沙拉準備好了嗎？」

廚師傑瑞說道：「還沒有。」

湯姆有些不悅，因為他認為傑瑞的備餐速度太慢了。不過，湯姆轉為輕鬆調侃的口氣說道：「信不信連我做沙拉都比你快，要不要來一場比賽？」

顯然，作為餐飲經理的湯姆並不是專業廚師，不可能比做沙拉的廚師更專業或更快。但這個「挑釁」引起了廚房裡所有人的興趣。大家紛紛熄了火，放下了手中的廚具和切了一半的火腿圍過來，他們甚至開始下賭注，期待比賽的開始。

「傑瑞，你行嗎？」、「傑瑞你不會要輸了吧，哈哈！」大家附和道。傑瑞不好意思地捲起了袖子。「加油！」、「快一點！」比賽在十多人的吶喊聲中開始了，廚房變成了競技場，不過沒有你死我活，只有競技帶來的刺激感。

比賽結果沒有任何意外，傑瑞贏了。不過此刻的結果並不重要，重要的是，透過這場有趣的比賽，餐飲經理湯姆不僅向傑瑞和其他廚師在激烈又和諧的氛圍下更加明確地強調了備餐速度的重要性，同時也大大增進了餐飲經理和廚師之間的關係。據當時的觀察者歐文・林

奇教授[e]回憶，這次比賽後來成了餐飲團隊津津樂道的一個故事。[14]

　　湯姆透過比賽這種方式達成的效果，顯然勝過了說教或訓斥的效果，它打破了人們之間由於所處的組織環境或文化不同而建立起來的壁壘。它釋放了一種「我們還可以透過更輕鬆的方式來互動」的訊號，進而增進了雙方的親密度。有趣的言行對親密度的影響在一個「玩耍實驗」中充分表現出來。

　　在該實驗中，互不認識的參與者每兩人一組共同完成一個任務，然而大家的任務有所不同，每個小組都單獨在一個房間內完成活動，因此他們並不清楚其他人做的是什麼。[15]

　　有些組的任務被設計成非常有趣的活動，例如讓其中一個人用眼罩矇住眼睛，另一人把吸管橫著夾在嘴裡，目的是讓他說話時不夠清晰，從而讓這個任務更好玩。嘴裡夾著吸管的人需要按照指令，把一個皮球扔到矇眼人的左邊或右邊，並告訴對方應該如何移動才能夠接住皮球。就這樣，一個人說不清，一個人看不到，從而確保了活動的有趣性。

　　另外一些組則進行很普通的任務，例如一個人口頭指揮另一個人做出一些常規動作，兩人並沒有矇眼或夾吸管，因此他們不會覺得這是一個有趣的活動。

　　在他們完成這個任務後，每人都需要填一份問卷，評價自己感受到的與組內另一位夥伴之間的親密程度。那些一起完成有趣任務的參與者，感受到的親密度要遠高於完成普通任務的參與者。顯然，有趣

---

e　歐文・林奇教授花了長達一年的時間，以廚師的身分在該餐廳觀察並撰寫研究論文。

影響了人們對親密度的感知。追溯原因，其實這不僅僅是因為好玩，還因為裡面暗藏著更深刻的東西。

首先，當我們在經歷有趣時，往往會伴隨一些從未有過的新的體驗，或者接收一些新的資訊、感受或觀點，例如實驗中有些參與者可能是人生第一次用嘴巴夾著吸管說話，有的參與者是第一次不用眼睛只靠聽覺定位飛來的皮球。儘管這些事情很小，體驗很微妙，但對他們來講都是一種「自我延伸」，即在經歷或認知上超出原有範疇的過程，其本質上與海龜第一次爬上沙灘、哥倫布發現新大陸、阿姆斯壯登上月球並無區別。

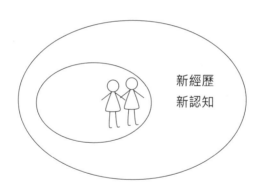

那麼在人際互動中，有趣會讓人們共用彼此「自我延伸」的過程，就好比有趣組的兩個人，他們透過「你說我聽，你扔我接」，共同體驗到了這個有趣的活動帶來的延伸過程。正是這種共用，讓人們之間產生了一種奇妙的連結，在這個連結裡，人們有時互相挑戰，有時互相幫襯，有時甚至互相嘲笑，有時也在互相接受。不過，也只有參與到共用中的雙方才能夠明白其中的美妙與樂趣，因此「自我延伸」變

成了「共用延伸」。

　　有趣讓人們在「共用延伸」的過程中增進了親密度。無論是交朋友、與人合作、促成交易，還是管理團隊等，親密度的增進都會讓這些人際關係更加滑順。有趣就像是一列穿越亞馬遜熱帶雨林的雲霄飛車一樣，它讓乘坐的夥伴共用了一段超越日常的體驗，在他們體會了驚嚇與驚喜之後，彼此之間也有了一頁只有對方才能夠讀懂的日記。

4. 有趣與個人魅力

　　人們透過兩種行為方式生存，一種是保持和別人一樣，一種是嘗試和別人不一樣。前者確保我們安全，有很大機率不會出錯；後者則會幫我們在競爭中被識別。

　　想被暗戀許久的他或她注意到，找工作時想給面試官留下印象，銷售拜訪時想讓已經麻木的客戶豎起耳朵，參加演講比賽時想給昏昏欲睡的評審留下印象，賣出一件商品的同時想讓顧客下次再來等，這些都需要讓自己被識別，就連那些在巴黎蒙馬特高地上畫人像素描的畫家，也在嘗試讓自己的作品風格與其他人有所不同。幾乎沒有人不需要被識別和被認可，如果有，那麼他本身的辨識度就極高。我們一直在有意識或無意識地靠著辨識度生存，並爭取一些東西。

「跳躍性」辨識度

　　Rolf 是一家專門生產玻璃製品（杯子、花瓶等）的製造商。為了讓產品在市場上更有競爭力，該公司聘請了一位新的市場總監。這位市場總監上任後，並沒有下功夫去宣傳杯子所使用的玻璃有多麼結實、

耐熱，或者杯子的線條多麼優美，而僅僅是在設計上做了一個細微的改動：某款杯子上本來印有許多條小魚，牠們都朝著同一個方向游，這位市場總監讓設計師把其中一條魚的方向改了一下，讓牠朝著和其他魚相反的方向游。

公司沒想到的是，這個微小的改動居然帶來了巨大的成功，杯子的銷量直線上升，「逆流小魚」這個有趣的設計讓這款杯子在眾多結實、晶瑩剔透、線條優美、帶有小動物的杯子中脫穎而出，這便是有趣帶來的辨識度。

難道玻璃的品質更結實一點，或者線條更優美一些，不會讓杯子更具有辨識度嗎？可能會，但是除非做到「最結實」或「最優美」的程度，否則很難像「逆流小魚」如此具有跳躍性的辨識度。前者是線性辨識度，即大家在同一條跑道上比誰的速度比較快，在同一棵樹上

比誰爬得比較高，別的杯子在結實這個層面上做到了八十分，那我們做到八十五分，別的杯子線條較優美，那我們做得更優美一些。「逆流小魚」這個有趣的設計完全打破了線性的競爭，它直接挑逗了人們在挑選杯子時那些本來沉睡著的神經，並把人們的注意力「咻」的一下拉到了跑道之外，甚至讓人們忽略了杯子的其他屬性。[f]

對於有趣的人也是一樣的道理，論作畫水準，黃永玉先生的用筆以及形式美感雖屬上乘，但真正讓他在眾多畫家中獨樹一幟的是他對畫作有趣的解讀和詼諧的態度。論音樂創作，可以媲美羅西尼的音樂家也有很多，他卻半路一頭栽進撒著松露的牛排裡，開啟了美食創作之路，從而成為人們眼中一位另類的音樂家。

有趣為辨識度帶來一個全新的維度，而這個維度是如此別致且頑皮，就好像一組羅馬數字裡突然冒出一個希臘字母 Ω，或者在一片蒲公英中間忽然飛出一隻花蝴蝶。

除了辨識度，人們如何看待我們的能力也會在很大程度上影響我們在他人眼中的印象。那麼，有趣的人在能力上會給人留下怎樣的印

---

f　從商業角度來分析這也是成立的，因為人們在做購買決策時，儘管知道商品有很多屬性，但只會被非常有限的屬性影響到。

象呢？

能力印象

哈佛大學和賓夕法尼亞大學的幾位教授做了一個實驗，探究有趣會如何影響別人對於一個人能力的評價。[16]

參與者收到了一個任務——寫宣傳語。他們被分為若干個小組，並被告知為了幫助一家旅行服務商推廣瑞士旅遊專案，小組內的每個人都需要寫幾句關於瑞士的宣傳語並展示給大家。同時每個小組都收到了一張照片，上面是瑞士的山脈和瑞士國旗，宣傳語需要配合這張照片上的圖案。該實驗的巧妙之處在於，每個小組裡（十人左右）有兩人是提前安排好的：

· A會展示出普通的宣傳語：「這裡的山脈非常適合徒步及滑雪，太棒了！」

· B會展示出有趣的宣傳語：「這裡的山脈非常適合徒步及滑雪，而且瑞士的國旗也是一個大大的『加分項』[g]。太棒了！」（「加分項」一語雙關，也指瑞士國旗上的「十」字符號。）

等每個人都展示完，大家進入評價環節：

· 首先，參與者評價小組內每位成員的想法是否有趣（一～七分），倘若B的想法被認為不如A的想法更有趣，這個實驗則確認失效。結果B的有趣性得分（四·六分）確實高於A的得分（二·二分）。也就是說，B可以代表人們認為的有趣的人。

---

g 原文：The flag is a big plus!

‧ 隨後，參與者評價對小組成員的印象，比如「有能力的」、「有自信的」等（每位參與者有二十五分可以分配，並且可以選擇分配給多個不同的人）。同時，還有一個問題：如果讓你選一位小組內的負責人，你會選擇誰？以此來評估大家對參與者的「領導力」的印象。

實驗資料表明，無論是在能力、自信方面，還是在領導力方面，人們對於那些他們認為是有趣的人的評價（每個小組內的 B 角色），都要高於非有趣的人。

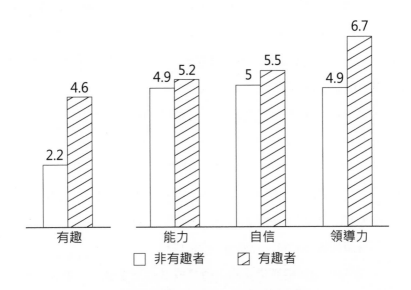

小組成員對於非有趣者和有趣者的評價

可見，有趣的人展現出來的智慧和敢於突破常規的自信與勇氣，得到了人們的認可與欽佩。因此，無論對職場新人、管理者，還是在拓展自己事業和想要實現人生目標的人來說，有趣都是一個加分項。

關於前文提到的辨識度以及能力，很多實驗都發現它們不一定能夠為一個人帶來吸引力。可是，有趣是個特例，它不僅能帶來辨識度以及人們對其能力的認可，還會增強一個人的吸引力。

吸引力

「有趣的人是否更有吸引力」，這是一個有兩百多人參與的調查研究想要探究的問題，即有趣與吸引力之間的關係。[17] 參與者只需要邀請兩位朋友或同事來填寫一份問卷。該調查並沒有讓研究對象邀請自己的伴侶或者最親密的朋友參與，因為伴侶和親密朋友對他們各方面太過熟悉，會影響最終的測試結果。

這份問卷裡的一部分問題是讓研究對象的朋友或同事來評估研究對象的有趣程度（按一～五分打分數），例如：「他不用講笑話也可以很有趣」、「他的朋友會說他是個有趣的人」等。還有一些問題是關於研究對象的吸引力[h]，比如：「我期望和他像朋友一樣交談」、「和他待在一起應該是愉悅的」等。

結果發現，這些人對研究對象的有趣程度的評分，與他們對其吸引力的評分呈現正相關。也就是說，如果一個人給別人的印象是有趣的，那麼這個人往往更有吸引力，別人會更喜歡與他交流或相處。

---

h 「吸引力」是基於「社交吸引力量表」定義的，一九七四年由詹姆斯．C. 麥克羅斯基與湯瑪斯．麥凱恩開發。

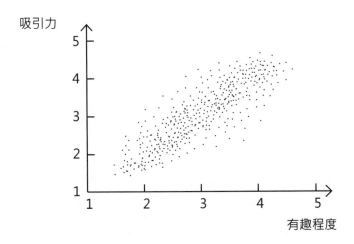

有趣程度與吸引力之間的關係

可見，有趣不但會讓我們更容易被識別、被正向地認可，還可以讓我們身邊的人更願意與我們交往。雖然這些不代表個人魅力的全部，畢竟一個人還擁有其他特質，如溫柔、專注等，但不可否認，有趣的作用無疑是獨特且顯著的。

作為培訓師，我發現自己也曾因為有趣而受益。

在與字節跳動[i]的一次合作中，我為他們的中層管理者講授「系統化思維」課程。這是一個多期的培訓項目，因此員工會分批次來聽課，

大概每個月一次。記得有一次我去上課的時候，有位學員問我：

「你就是那個戲精老師吧！」

「嗯？」我有些摸不著頭腦。

「上一批學員有人告訴我們，你是個戲精啊！動不動就演戲，還是秒入戲。」

聽到他這麼說，我才反應過來這是學員的比喻。在我的課程中，經常會透過一些演練環節來模擬職場中的真實情景，以便學員在聽完知識後得到練習。例如，模擬在會議上，當老闆提問時，員工應該如何進行思考和回答。

我通常會盡量把這個環節做得夠逼真，如何逼真呢？我會突然以老闆的口氣講話，就像在電影拍攝現場，在導演喊「開始」後，演員瞬間切換到角色一樣，從氛圍、表情，到肢體、語氣，進行全方位演繹。

當我在練習環節中扮演老闆時，我會讓學員從培訓教室轉移到真正的會議室中，然後情緒飽滿地說：「唉！今年我們公司的業務實在是舉步維艱，我已經好幾晚沒睡好覺了，連黑眼圈都熬了出來，像隻熊貓。可我不想當熊貓，因為我的本性是一匹狼！我不想就這麼認輸！我仍然認為我們的團隊能夠突破重圍，因為我相信你們的意志與能力！朱經理，不然你先來談談，有什麼好的方案？」

這樣出其不意的方式導致有幾次學員一下子沒有反應過來，問我：「老師，這已經是在劇情中了嗎？」在這之後，我也會讓學員嘗試進入劇情。我想第一期學員之所以會把這件事情傳播到其他學員那裡，應該是因為他們覺得這種形式有點意思。

在這次培訓結束後的課程評估中，學員給我的評分是九‧〇二分

（十分制）。在一向對培訓要求比較嚴苛的字節跳動，這是一個高分，也因此為我帶來了後續與字節跳動更多的培訓專案合作。

坦誠地講，我並不認為在專業層面上，我講得比其他培訓師更好，因為一定有其他人能夠把這門課程講得更細緻、更透澈、更生動。只不過我無意中占了一個便宜——在課程中加入「演戲」，這樣有趣的形式幫我加了分，而它也影響了學員最終的評估。

5. 有趣是個係數

倘若把上述有趣的眾多益處散落開來，我們可以發現它們對應著我們在生命中的每一秒都在思考、應對、調整、歷練，甚至掙扎的三個永恆的主題：自身、向外表達、與他人的關係。

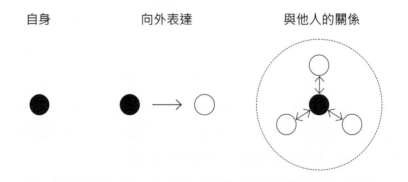

自身　　　　　向外表達　　　　　與他人的關係

一、我們希望自身變得更強大，以應對各種壓力或問題，並能夠帶著愉悅的心情堅持完成我們認為重要的那些目標。同時，我們也希望自身得到他人的認可與喜歡。

二、我們會透過各種方式向外進行溝通與表達，希望被聽到、被

認同，從而推進那些重要的事情。

三、我們希望營造一個舒適的人際關係，即軟性土壤。

如下圖所示，有趣帶來的四大益處，可以一一助力上述三個主題，其中：

三大主題	有趣的益處✓			
	內在狀態	表達	人際關係	個人魅力
自身	✓			✓
向外表達	✓	✓		✓
與他人關係	✓		✓	✓

有趣的益處與三大人生主題的關係

注：在有趣的每一個益處下打勾意味著該益處有助於左邊對應的主題

有趣帶來的內在狀態無論對於我們自身，還是對於向外表達、與他人之間的關係，都會有助於實現上述三點中提到的效果。

‧ 有趣的表達、有趣對於人際關係的益處，對應上述主題二、三。

‧ 有趣帶來的個人魅力，對我們自身、向外表達、與他人的關係這三個維度都具有積極的影響。

值得注意的是，有趣和諸如表達能力、思考能力、抗壓能力、領導力、業務拓展能力、專案管理能力等其他能力並不是並列的關係。**有趣的作用是對我們其他各項能力進行點綴、放大，例如：**

・對於表達能力：有趣可以令我們的表達多一些趣味性，從而使我們的表達更特別、更有吸引力。

・對於思考能力：有趣能夠讓我們在思考問題時看到事情輕鬆、好玩的一面，或產生別致的創意。

・對於領導力：有趣能幫助我們在帶領團隊的同時，懂得營造樂趣，提升團隊活力、凝聚力。

・對於業務拓展能力：有趣可以使我們的客戶或合作夥伴更樂意與我們相處，並在其他條件等同的情況下傾向於選擇我們，因為他們享受到了合作的愉悅。

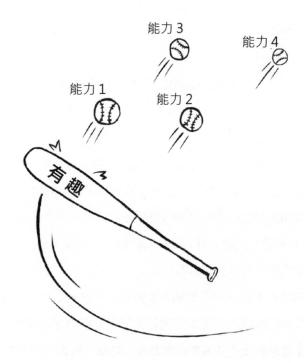

　　因此，從與其他能力的關係來看，有趣並不僅僅是一項能力，它橫跨了其他能力。如果進行量化的話，有趣是一個「係數」，即在其他能力基礎上乘以 i（有趣）。有人的係數只是一，甚至是〇‧五，因為其他能力並沒有透過有趣得到放大；而有人的係數是一‧五，即有趣把這個人的其他能力強化了一‧五倍。**有趣這個係數橫跨多種能力，適用於不同的職場與生活場景，它可以帶來個人綜合競爭力或個人魅力的提升。**

有趣的重要性在上升

　　有趣這個係數 i 的效應也並不是一成不變的，它會隨著我們的進步變得越來越重要。首先，在個人發展的初期，人們的能力有兩個特點：

　　‧ 前期差異大：相對於個人發展的後期，初期階段大家在各項能力上的差異比較大。因此，個人比較容易在某一項能力上顯得很突出。例如：在技術團隊中，如果口頭表達能力很強，就會顯得比較突出。

　　‧ 上升空間大：在這個階段，許多能力才剛剛開始被我們發現或應用，因此在已有的學科知識以及基本素養的基礎上，能力的進步曲線往往較陡，而能力的上升空間也相對較大。

　　這意味著，一方面我們可以憑藉某一項或多項能力形成自己的競爭力或獨特性；另一方面，即使我們暫時還沒有突出的能力，也可以去打造。

　　然而這種情況會隨著時間的推移發生變化。當人們在某一賽道中（例如在企業的職位、在專業領域的建樹等）上升到一定高度時，會

發現身邊在同等高度的人在思考能力、業務能力、溝通能力等各方面的差異越來越小，同時，上升空間也相對越來越狹窄。原因在於，大家都是經過不斷磨煉、層層淘汰後剩下的少數，而且各項能力已經上升到了更高的水準。

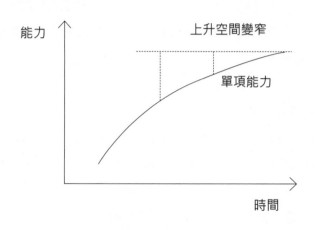

能力上升空間的變化

在我的培訓課中，這種現象尤為明顯。例如從職場新人到部門經理，再到事業部總經理、副總裁、總裁，培訓學員的層級越高，同一層級的人群之間各項能力上的差距就越小。譬如，總裁班的學員在深度思考能力、學習能力、邏輯表達能力、關鍵提問能力等方面普遍都很強，他們之間的差異也明顯小於職場新人之間的差異。

又比如，經營自媒體的知識類創作者有幾十萬人，流量小的創作者作品在各個要素上的差異非常大，比如有的創作者的影片畫面品質好，有的創作者講的內容很實用，有的創作者的剪輯很流暢……可如

果我們看那些訂閱數已經在一百萬以上的頂尖知識類創作者，他們在影片畫質、內容、剪輯等方面的差異則明顯更小。同樣的道理，他們是經過競爭、篩選之後剩下的少數人，所以自然在各個要素上均已精進到了相對較高的水準，各方面的差距也越來越小。

因此，當其他參數間的差距越來越小時，有趣就顯得格外重要。**有趣可以巧妙地點綴或放大那些與其他人非常接近的能力，從而讓自身變得與眾不同。**就好比，當上百隻孔雀都在得意揚揚地展示其華麗的尾羽時，那隻跳起踢踏舞的孔雀會讓我們更加讚嘆；當一群同樣身披絢麗斑紋的獵豹以相同的速度奔跑時，能讓人記住的是轉頭做鬼臉的那一隻。

當然，這裡並不是說趣商在初期不重要，而是從個人競爭力的角度來講，越往後趣商的重要性就會相對越高，這也反向提示我們提前培養趣商的意義。

∞

在我的職業轉型階段，我實實在在地感受到有趣帶來的變化。

二〇二〇年初，新冠肺炎疫情爆發。我公司的線下培訓業務徹底停滯，沒有任何企業邀請我去講課。在家無所事事的我，想起了一個曾經有過的念頭——拍講知識的影片，於是我決定利用閒置時間嘗試一下。我開始行動起來，在家裡架起手機，背靠一面白牆，錄製了一些關於情商、思維、溝通類知識的影片，並將其發布到了抖音平臺。

當時我覺得影片的內容設計得堪稱完美。首先，確保講的知識本

身有用；其次，把知識講清楚。我堅信自己有線下幾百場授課經驗的累積，所以花幾分鐘講清楚一個小知識是件輕而易舉的事。

我還清楚地記得，在錄製第一個作品時，我端端正正地坐在凳子上，像一座蠟像，用有條不紊的語氣，清清楚楚地把知識講完。影片發布之後，我便倒了杯啤酒，搓著小手，期待著當晚影片觀看數的暴增。然而，啤酒喝了一杯又一杯，小手也快搓到脫皮，也沒有等到觀看數的暴增，準確地說，觀看數少得可憐。

但當時我覺得，可能只是運氣不好吧，所以第二天我繼續嘗試，延續了「知識有用，講得清楚」的宗旨，以及一本正經的姿態。可兩個星期下來，我發布的所有影片作品都沒有什麼人關注。在現實面前，挫敗感向我迎面襲來，我甚至開始懷疑，自己是否真的適合拍影片、做自媒體。

隨後幾天，我停了下來，沒有繼續重複已經被驗證為錯誤的方向，而是開始分析其他創作者的影片。就像剛剛提到的一樣，在這個賽道裡，那些已經做得很好的知識類創作者都做到了「知識有用，講得清楚」，而這也正是他們能夠衝出重圍，進入前端的原因。而我那個所謂完美的設計，並無任何新意和辨識度。當時剛剛起步的我，想靠著毫無新意的方式去和已經有很大流量的頂尖創作者競爭，妄想著被用戶關注，脫穎而出，這幾乎是不可能的。

太好了！至少我知道了問題的原因。

第二個月開始，我嘗試轉型。其實我所做的改變無非是在影片裡加上了有趣這個「係數」，無論是語言、表演還是畫面風格等，都乘以一個 i。

那天我重新拿出手機，本來要講的知識是：在表達中，不能只是平鋪直敘，要加入語言的渲染。但是我一改以往的風格，拿出一張白紙和一把剪刀，剪了一副紙眼鏡，用筆塗黑，輕輕戴上，然後我買了一袋拇指大小的曬乾鹹魚和一個電動吹泡泡機。這次我把講課換成了表演的形式。

調整好狀態，一、二、三，開拍！

我一隻手把小鹹魚緩緩地抬到鏡頭前，當音樂響起時，另一隻手用泡泡機吹出五彩斑斕的泡泡，鹹魚也開始在泡泡的海洋裡游來游去，我配的旁白說道：「有時我們說話就像乾巴巴的鹹魚，而一旦有了渲染，鹹魚就活了。」

在那個影片中，我借用鹹魚來代表語言表達的貧乏，用泡泡機來象徵渲染，同時我也設計了更加有趣的人物對白，並運用了誇張、幽

默的表演來傳達所講知識的含義。這支有些無厘頭的影片一改過往影片的慘澹表現，當天便收穫了大量的觀看與留言，而我也再次為自己倒上了一杯啤酒。

「有趣」，成了我影片作品轉型的開始，也是新的職業身分——影片創作者的開始。

Part 3

我們的「有趣」
去哪裡了？

　　記得好多年前，我為一家投資公司上有關商業表達的課程，按照慣例，課程結束時我會讓學員基於課程的內容進行提問。不過，這個環節是在大家經歷了一天的燒腦學習和練習之後進行的，此時學員都已經很疲乏了。再加上已經到了下班的時間，這種情況下，一般除了某些有問題的學員自己感興趣，其他人往往都盼著趕緊下課離開。尤其是在下班高峰期，倘若我多拖延十分鐘，似乎就會有一堆鞋子飛過來。

　　需要說明的是，當時的課程內容主要是關於在商業場合下如何表明觀點，梳理出清晰的邏輯等知識，並不涉及如何讓表達更有趣。

　　但是有一位學員問道：「老師，怎樣說話才能有趣一點呢？」

　　這個和當天課程內容毫不相關的問題，居然引起了在場所有學員的興趣。大家紛紛豎起耳朵，聽我分享了一些自身的體會，全然忘記了要下班趕車這回事。

　　這樣的情形並不代表學員無趣，但我們不難發現，許多人都強烈地意識到自己與「有趣」之間仍然存在著距離，甚至是一道鴻溝。這種情況並不是個例，在我的培訓課中很常見。而且，在我的影片留言中，同樣有大量網友提出「怎樣變得有趣」這樣的問題。

　　後來我做的一個調查也證實了這個普遍情況，絕大部分人（超過九十％）都認為有趣對於生活和工作是重要的，但只有很小一部分人（不到二十％）認為自己是有趣的。

有趣的人是稀有動物。

　　其實在我們還是小孩子的時候，我們充滿好奇的問題，我們的一舉一動，我們離奇的想法，換作長大後的我們來看，一定會笑出聲來，

甚至想抱起兒時的自己說一聲「你太好玩了」。不過遺憾的是，隨著我們長大，那些東西漸漸消失了。

我們的有趣到底去哪裡了？

我想起了自己上小學時發生的一件事：

二十多年前，大約在冬季，女一是校長，男一是我，地點是校長辦公室。那天，校長不是找我談心，也不是要我唱〈大約在冬季〉，而是對我進行批評與教育。

在學校裡，如果被老師叫到辦公室算犯了輕罪的話，那麼被校長叫到辦公室就是犯了重罪。我的重罪是什麼呢？我在下課休息時間，用手敲打桌子、書、廢紙，試圖演奏出一些豐富且美妙的鼓點，憧憬著有一天成為「亞洲鼓王」。我敲出的鼓聲雖然連我奶奶村裡的喜喪事樂隊的水準都不如，卻吸引了班上以及隔壁班的幾十名同學來看熱鬧，後來還有幾名同學加入和我一起敲打。熱力四射的敲打聲，最終在校長的一聲「這是在幹嘛？！」中停了下來。

校長說我這樣的行為屬於搗亂，敗壞風氣，影響惡劣。年幼的我似懂非懂，只能點頭。就這樣，「亞洲鼓王」剛剛冒頭，就被校長無形的鼓槌敲了下去。其實「鼓王」的稱呼只是個玩笑，亞洲的鼓手也不差我一個，只是校園下課時間的嘈雜聲中，從此少了一絲本屬於年少的躁動。

後來我慢慢發現，這個經歷原來只是我們的教育環境，包括學校教育、家庭教育、社會教育等的一個小小縮影──個性是被忽視或被壓抑的。這只是磨平我們有趣的因素之一。

1. 教育環境

　　人類有一項特質，歷史學家尤瓦爾・哈拉瑞在《人類大歷史》中將其形容為「剛熔化的玻璃」：

　　大多數哺乳動物脫離子宮的時候，就像是已經上釉的陶器出了窯，如果還想再做什麼調整，不是刮傷，就是碎裂。然而，人類脫離子宮的時候，卻像是從爐裡拿出的一團剛熔化的玻璃，可以被旋轉、拉長，可塑性高到令人嘆為觀止。正因如此，才會有人是基督徒或佛教徒，有人是資本主義者或社會主義者，又或有人好戰，有人則愛好和平。

　　人類具有很強的可塑性，善於學習以及自我更新，但這些特質同時也讓我們的有趣在教育大環境下被慢慢磨平。

個性退居次要

　　設想一下，倘若人們都說小聰同學是個好學生，你會想到什麼？

　　人們往往會先想到他的學習成績應該很好。這是一個非常有意思的關聯：一個學生的學習成績好，會給人一種他就是好學生的印象。此時，「好成績」和「好學生」之間幾乎畫上了等號。「成績」是人身上的部分特質體現出來的一個結果，而「好學生」是對一個人的定性。「好成績」讓老師、家長忽略了小聰其他方面的情況，「成績」已經變成了教育體制裡檢驗學生的決定性標準。

　　如果一個學生講故事可以逗得大家咯咯笑，可以用鉛筆畫出班裡每位女生的辮子，可以學不同動物的叫聲，又或者可以在課桌上用書和廢紙敲出好聽的鼓點等，對於這些小伎倆，大家可能會鼓掌並稱讚

幾句。可這些個性化的特質在「成績好」面前，顯得微不足道，因為如果成績不好，就很難被稱為「好學生」，而且但凡稍有「過分」的行為，比如敲擊的聲音太大，還會被校長約談。造成這樣的結果都是因為我們只盯著那個單一的標準。

哈佛大學教育學院心智、大腦與教育計畫主任陶德‧羅斯提出了一個很具象的概念──「鋸齒理論」：

首先，人的才能或者特質並不是由單一維度（如智力）構成的，而是由眾多維度構成的，例如智力、口才、誠信、好奇心、幽默、溫柔等，多個維度就像多個鋸齒一樣。其次，也是非常關鍵的一點，這些維度間的相關性並不高，也就是說如果一個人在某一維度上比較強的話，並不代表他在其他維度上也很強，即智力高不代表幽默，溫柔也不代表好奇心強。教育卻在引導大家把注意力集中到學習成績這個單一的「鋸齒」上，而忽略其他個性化的特質。

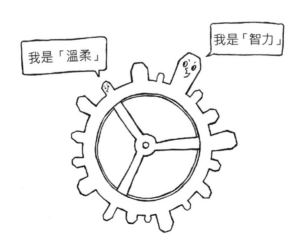

有人可能會說，學校裡也有美術課、音樂課，也在鼓勵學生全面發展，中國還有「三好學生」這種多維度的評估標準（品德好、學習好、身體好），還有些學校提出了一些諸如科技創新獎、見義勇為獎等新的評價學生的維度。不可否認，這些課程和獎項表現了評價維度多樣化的趨勢，但在當下，成績仍然有絕對的主導作用。當學校用成績為學生排名，用成績進行升學篩選，家長每天盯著成績單時，學生會不自覺地在行為、意識或潛意識層面，淡化甚至忘記自己的其他特質。

還記得小時候，有一次一位同學來我家吃午餐，我爸在喝酒時來了興致，便出了一道和酒精濃度相關的數學題目考我們，當我的腦子還在拚命計算時，我的那位同學立刻說出了答案。我爸媽便說：「你看人家這孩子，真聰明！」這件事讓我偷偷難過了很久，甚至有一種被全盤否定的感覺，因為當時的我認為「會寫題目」幾乎代表了一個學生的全部。

到處是標準答案

假設有這樣一道題目：

ABC → ABD

HIJ → ？

如果把「ABC」變成「ABD」，那麼「HIJ」應該變成什麼？

大多數人的第一反應可能是：既然「ABC」中的「C」換成了緊隨其後的「D」，那麼「J」就也應該換成緊隨其後的「K」，所以答案是「HIK」。

這個答案本身沒有問題，但這不是唯一的標準答案，只不過，我

們的大腦可能已經習慣了如此思考。

還有什麼其他思考方式呢？

第二種：「HID」，既然字母組合「ABC」把最後一個字母變成了「D」，那麼另一個字母組合「HIJ」為什麼不能把最後一個字母也變成「D」呢？

第三種：「HIJ」，不變！「ABC」裡面的「C」率先把字母表裡的「D」搶過來並換成了「D」，但字母表裡只有一個「D」呀，所以「HIJ」中的「J」就沒有「D」可以換了，只能保留「J」。

第四種：「ABD」，你沒看錯，既然「ABC」變成了「ABD」（這裡關注的是字母組合的整體，而不是某一個字母的變化），那「HIJ」也可以變成「ABD」！

…………

這些看似荒唐的答案，代表著有些有趣的人的思維方式，以及敢於如此思考的勇氣。為什麼我們習慣得出第一種答案呢？因為在日積月累中，教育帶給了我們相同的思維方式。

在上面這個例子中，我們的大腦調用的是教育帶給我們的常用的思考方式：線性邏輯，即看到「ABC」我們會想到「DEF」，看到「HIJ」會想到「KLM」，看到「一二三四」會想到「五」，如果小白兔之後出現了中白兔，那麼再之後一定是大白兔，而不是灰鴿子。可是，在複雜的世界中，許多事物的發展並不僅是線性的，還有突變性。例如：從白天到夜晚，天色從明到暗本是線性變化的，可一旦有一片烏雲飄過來，就可以立刻讓天色突變；在河的上游放一艘小船，我們無法確保能在河的下游等到它，因為路途中存在著很多突變的可能；本無生

命的原子和分子構成生命體，這種演變也不是線性的；有位叫雅克·
庫斯托的人本來想當飛行員，卻遭遇了車禍導致手臂不幸受重傷，無
法再當飛行員，但當他嘗試透過在海裡游泳進行康復時，發現了自己
對海洋的狂熱，並最終成了著名的海洋探險家[a]，他從飛行夢到置身海
洋探險的經歷，也是非線性的；那些有趣的人更是如此，崔弗的幽默
故事從來不會線性發展，羅西尼的職業轉變也是非線性的。

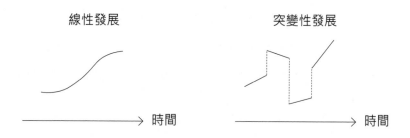

回到前文的「ABC」題目，以第二種思路為例，「HID」這個答
案就打破了線性邏輯，因為「D」也可以作為一個獨立的字母，就像
世界上其他獨立的事物一樣，它和「C」不存在前後關係，這樣「J」
當然就不應該替換成「K」，所以把「J」換成「D」也可以。

在 Part 1 中，我們提到有趣的來源之一是獨到的視角，同時其他
有趣的方式也需要在認知上有突破（Part 6）。假設大家都有相同的思
考方式，哪裡來的獨到的視角，哪裡來的有趣呢？

可惜我們的教育往往只給出一個正確答案，這是有趣的一大「殺

---

a　雅克　·　庫斯托還是生態學家、電影製片人、攝影家和作家。

手」。

不可否認的是，有的題目的正確答案確實只有一個，比如二乘三等於六（暫且不探討在化學、社會合作等領域的應用，比如分別擁有三名成員的兩個團隊的合作效果可能會高於或者低於六個人獨自工作的效果）。可是，這類有標準答案的問題只是我們需要思考的有限的幾種問題而已，尤其是當我們從學校裡出來後，還需要思考下面這些問題：

- 聚會該穿什麼顏色的衣服呢？
- 開會冷場時，我該說什麼？
- 新研發出來的飲料取什麼名字比較有意思？
- 公司明年的業務重點應該如何調整？
- 如何評價我自己？
- 我在被身邊的什麼影響著？我又影響了誰？

不難看出，上述問題都沒有標準答案。可正是由於我們每個人都有不標準的答案，每個人對於事物有獨特的理解、評價和決策，才反映出一個人特有的世界觀、價值觀、情趣等。如果黃永玉老老實實地為他的每幅畫作取個規矩的名字，那還是黃永玉的靈魂嗎？

無人教「有趣」

國中時期，文科一直是我的噩夢。這裡的「噩夢」不是比喻，我是真的會在睡著後做有關文科的噩夢。一直到現在，我還會夢到在歷史或公民考試中遇到不會寫的難題後驚醒，醒來後暗自慶幸──「還好只是個夢」。除此之外，還有一件值得慶幸的事：至少不是每道題

目都可以把我驚醒，因為或多或少我還是記得一些相關知識，而且哪怕被難題驚醒了，如果我還記得那道題目的話，至少還可以去找老師求解。

但「有趣」這個課題就不一樣了。從小學到大學，並沒有人教我們如何變得有趣。

有人教我們大聲朗讀，卻沒有人教我們如何更有趣地朗讀；有人教我們寫作，但沒有人教我們寫出幽默感需要什麼；有人問我們讀後感，卻沒有人要我們把讀後感用一種顏色表達出來；有人教我們快速計算，但沒有人帶我們去算一算假如一邊唱〈一閃一閃亮晶晶〉一邊散步的話，那麼穿越阿拉伯沙漠到底需要唱多少遍。

當然，我們在學校裡可能會遇到一些有趣的老師，受到他們的啟發或視他們為榜樣，但這樣的幸運是可遇不可求的。有趣從來不是一

個學科，現有的學科也沒有構建關於有趣的理論框架。

以上提到的關於教育環境的特點，並不代表教育有任何錯誤，我們一直在享受著教育帶給我們的好處。而且教育不只是靠一個時代，而是一個漫長的過程，在過去幾千年裡所有為教育付出的人都值得被尊重。只不過在有趣的話題上，我們需要認識到教育帶來的客觀影響。

2. 社會標準

畢業後，我們告別了考試和成績單，以為從此一別兩寬，轉頭卻發現，社會中仍然有著教育體系的痕跡，它一方面體現在職場標準中，一方面深植於社會價值取向中。

職場標準

當我們的祖先殺死一隻馴鹿，在岩石上刻上一個符號來記數時，當古希臘哲學家普羅達哥拉斯說出「人是萬物的尺度」時，他們一定沒有想到，隨著貿易和工業的發展，人卻反過來被數字衡量、定義和左右。

十三世紀，威尼斯運河上的商人們就已經開始透過計算船隻投資與貨物價值之間的差額來評估船隊的表現。

十九世紀，在蘇格蘭的紡織工廠裡，企業家勞勃・歐文[b]在每個工人對面放一個木塊，木塊每面被塗上不同的顏色來代表工人的表現。

隨後，在美國的一家鋼鐵公司裡，工程師腓德烈・溫斯羅・泰勒[c]

---

b 勞勃 ・ 歐文：企業家、慈善家、工廠改革先驅、烏托邦社會主義者，創立了「幼稚園」的概念。
c 腓德烈・溫斯羅 ・ 泰勒：經濟學家、管理學家，著有《科學管理之原則》。

開始推行標準化的概念，並為每項工作任務設定標準的數值，例如，工人每次鏟煤的重量必須是二十一磅。

二十世紀初，關於績效評估的書——《高效民主》[d]中正式提出了「衡量」一詞；緊接著，化工業巨頭杜邦公司開始使用投資報酬率作為業績衡量標準；美國通用電氣引入了更為多元的一系列衡量指標；後來逐漸誕生了那些現在隨處可見的概念——KPI（關鍵績效指標）、OKR（目標關鍵結果）、BSC（平衡計分卡）等。

今天，我們可以看到客服崗位有著標準的溝通話術，工人像機器一樣精準地移動著雙手，航空公司新入職的空服員們都在背誦著一本七百多頁的客艙組員手冊，人們在職場中的行為變得越來越標準化。雖然一些工作相對靈活，但最終決定員工能否升職、能拿到多少獎金的是沒有區別的統一化指標，例如客戶拜訪次數、訂單完成率、成本降低率、產品良品率、專案完成數、採購占銷比、生產任務完成率、設計修改次數等。也有一些企業開始嘗試融入更豐富的、更人性化的指標，但占最大權重的仍然是這些統一化的指標，它們單調且冰冷。

當然，從企業角度而言，由於其發展的驅動是規模與利潤，所以企業採用標準化的制度以及統一的考核指標無可厚非。因為這一方面可以降低管理成本，另一方面可以讓員工更高效地工作，從而在市場競爭中更快一步。我現在也會為公司的員工制訂硬性的考核指標。

但是從個人角度而言，這些是我們朝有趣行進的阻力。因為本書中的有趣的人沒有一個是符合「標準」的：如果遵循標準，南茜・卡

---

d 本書作者是威廉・哈威・艾倫，他既是醫師，也投身公益事業，一直在教育、醫療、慈善領域寫作。

利諾夫斯基與她的同事不可能用「漢堡」作為航線代碼；如果遵循標準，查理‧卓別林就不會將假鬍子放在鼻子下面；如果遵循標準，患有腦麻的梅遜‧查伊德可能還在躺著養病，而不是到臺上來嘲笑自己；如果遵循標準，作曲家羅西尼不會半路去做美食家；如果遵循標準，Rolf 公司製造的玻璃杯上的小魚也只會朝一個方向游動。

然而，那些被老闆用鐵錘釘在牆上的指標，無時無刻不在提醒我們那些數字才是更重要的。不論那道牆外的世界有多麼豐富，這些數字仍舊在左右著我們的命運。

社會價值取向

如果說職場中的標準更像是硬性要求的話，那麼職場之外，社會的價值取向對於我們的影響則更為隱性與微妙。假設前者是「推」，後者則是「引」。

關於社會價值取向對人們的影響，我們可以借助媒體這面鏡子來觀察。依照全球綜合資料統計公司 Statista 的資料，全球網路使用者平均每天花費約兩小時三十分鐘瀏覽社交媒體，中國用戶平均每天花費一小時五十七分鐘，菲律賓人花費的時間最長，為三小時五十分鐘。要是加上其他非社交類的媒體，如入口網站、垂直入口網站、電視、電臺、雜誌等，時間還會更長。那麼每天在這麼長的時間裡，哪些價值取向被傳播、被討論得比較多呢？

如果我們在大型綜合媒體平臺（例如微博、Facebook）以及影片媒體平臺（例如抖音、YouTube）查詢與價值取向相關的話題[e]，例如

---

e 主題標籤往往是一個詞，例如「＃環境」，媒體平臺上相關的文章或影片內容都會連結到這些詞上，這些內容產生的討論量、瀏覽量等也會計算到這個詞上。

個性、平等、自由、和諧等，會發現有兩個話題下的內容數量以及熱度明顯高於其他話題，那就是「＃賺錢」與「＃成功」。[f]

　　例如，在微博上，「＃賺錢」這個主題標籤的討論次數是六十多萬，「＃成功」是十六萬，而「＃有趣」只有五・八萬。前兩者加起來的次數是「＃有趣」標籤的十三倍之多。在抖音上「＃賺錢」與「＃成功」主題標籤下的內容觸及使用者超過兩百億次，是「＃有趣」標籤的六倍之多。

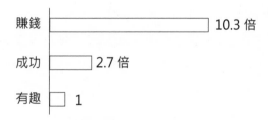

微博上話題討論次數對比

賺錢　10.3 倍
成功　2.7 倍
有趣　1

抖音上主題標籤相關影片的流量對比

賺錢　3.5 倍
成功　2.3 倍
有趣　1

注：更新於微博、抖音在二〇二一年六月的數據

---

f　這裡並沒有包含非價值取向類的標籤，例如「＃如何搭配衣服」、「＃創業經驗」、「＃求學」等。

　　在另一項有幾萬人參與的歐洲調查中，我們可以發現相似的規律。[18] 參與者會被問到他們花在各種媒體上的時間，例如：「你平均每天花多長時間上網？」參與者可以選擇「不到半小時」、「半小時」、「一小時」、「三小時」等共七個選項。同時，還有另外一些問題是關於探尋人們的價值取向 [g]，包括人們認為成功和財富的重要程度。例如：「富有對我來說是重要的，我希望有很多金錢和貴重物品。」、「成功對我來講是重要的，我希望人們認可我的成就。」參與者按照一～七分選擇同意的程度。

　　結果發現，當人們在線上媒體以及電視節目上花費的時間越長，他們就會越認可成功與財富的重要性，而且當一個人越看中成功的重要性，他往往也會越看中財富的重要性。

　　那麼成功就等於財富嗎？你可以嘗試在 Google 中搜尋「亞洲的成功人士」，第一個出現的結果是「亞洲最有錢的十個人」；如果你搜尋「美國的成功人士」，出現的結果是「二〇二〇年富比士美國四百富豪榜：美國最有錢的人」。財富成了衡量成功的標準。

　　透過追溯歷史可以發現，這個結果並不意外。從以貝殼、牛羊作為交換物到貨幣制度的建立，社會中逐漸產生了富人和窮人；富人開始擁有更多資產與產業，這進一步讓他們獲得了更多特權；有了特權，富人可以剝奪窮人的資產，甚至買賣奴隸——自由第一次開始屈服於財富。隨著時間的推移，人們逐漸發現，財富與欲望一樣，都沒有上限；隨著社會地位的提升，人們進一步用財富去衡量更廣泛的事物。幾百

---

g　此處使用了社會心理學家沙洛姆・施瓦茨開發的「個人價值觀量表」。

年前，人們開始把生產出的物品折算成金額來衡量一個區域或者國家的先進性[19]，而後，這一數值逐漸發展為全球通用的國內生產總值以及人均國內生產總值；每年有上億人關注富比士富豪排行榜；當我們談到成功人士時，往往會提及他們的身價或公司市值；公司在華爾街上市變成了許多人創業第一天就設下的目標⋯⋯

　　不可否認的是，物品的確有價值，而且它們在被交易的同時也在被傳播，或被再次分配。我們也確實需要賺錢來生存，滿足各種需求，並為重要的事情提供財務支援。財富榜上的企業家或上市公司的 CEO 毫無疑問取得了巨大的成就，他們必然有著超乎常人的智慧和付出。只不過，以上提到的所有社會價值取向，都是建立在兩把基本的尺上：規模與排序。規模關乎大小，如金錢的多少、市值的大小等；排序關乎高低，即排行中的順序。然而，有趣不論大小，無關高低。

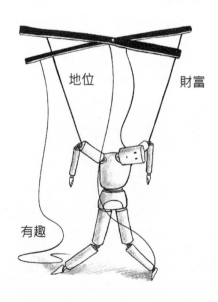

地位　　財富

有趣

　　社會價值取向就像是木偶身上的線，而我們就是那個木偶。當那幾條名為「財富」與「地位」的線繃起來時，我們的一舉一動也會被來自那個方向的力牽引，名叫「有趣」的那條線則會鬆下來，被我們忽略。

　　當然，有趣與財富、地位等並不衝突。在 Part 2 中我曾提到，有趣可以從多個方面賦予我們能力去實現自我，可以帶來與規模、排序相關的東西。只不過，有趣是一個不可視的過程因素，當我們被更加偏向結果的價值觀影響時，便會忘卻有趣。

　　教育環境和社會標準都屬於磨平有趣的外部因素，是個人無法控制的。除此之外，還有三個典型的內在因素。

3. 從眾性

　　儘管我們可能不願意承認，但我們逃不過一個社會學現象——從眾。這讓我想起讀書時老師放過的一段實驗錄影。在介紹這個實驗結果之前，我想先請你判斷，下圖右邊的三條線段中，哪條和最左邊這條線段一樣長呢？

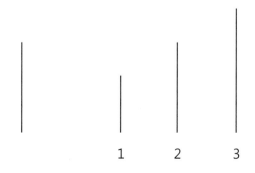

　　你肯定會覺得我把你當幼稚園小朋友了，因為答案很明顯是線段二。

　　好，我們來看個實驗。有六個人進入一個房間，然後研究人員用白板呈現和上面類似的幼稚園水準的測試題，並讓每個人說出他認為正確的答案。需要說明的是，在這六個人裡面，其實有五個人是「演員」，他們會按照研究人員事先的安排來回答，而剩下的那個人並不知道他是真正的被測試者。

　　第一輪，每個人都給出了一致的正確答案。第二輪也一樣，每個人都說對了。到了第三輪，研究人員給出下圖中的幾條線段，問右邊的三條線段哪條和最左邊的線段一樣長，很顯然，正確答案是線段一。但前面回答問題的四個「演員」這一次都故意說答案是線段二，排在第五位的真正的被測試者頓了一下，皺了皺眉頭，居然也回答線段二。

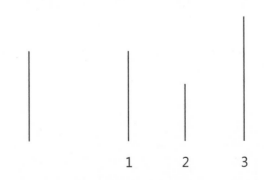

　　沒錯，一邊是只需兒童智力水準就可以說出的正確答案，一邊是迎合大眾的壓力，而被測者倒向了迎合大眾那一邊。

　　在每次實驗中，被測者都會進行十二輪判斷。結果在多次的實驗

中，竟然有四分之三的被測者至少有一次選擇了錯誤答案，整體做出錯誤判斷的次數比例高達三十七％。這一切只不過是因為有其他人選擇了那個錯誤的線段。

有人或許會覺得這個是幾十年前的實驗了，現在網路如此發達，知識如此普及，人們應該會更聰明，不會輕易被騙。但在近幾年，重做這項實驗得到的最終結果和幾十年前完全一致。

這便是有趣面臨的另一大「殺手」——從眾。當我們面臨來自個人或群體的壓力時，我們的觀點或行為就會相較於最初發生改變——傾向於和其他人或其他群體保持一致。

這個實驗的題目如此小兒科，都有這麼多的人從眾，如果我們從這個實驗中跳出來，放眼其他更加複雜的現實場景呢？從眾的情況只會更加普遍。例如：當公司裡所有男生都穿著黑色襪子上班時，一個人便不好意思穿一雙淺棕色的小熊襪子，儘管這雙小熊襪子是他女朋友送他的，而且他覺得它很可愛。當身邊人都說某本書給人的感受很深刻，值得仔細讀很多遍時，一個人會很難開口說自己怎麼讀也沒讀懂，甚至還會點頭說：「嗯，好書！」當我們在大街上聽到一段動感音樂，想跟著節奏跳起來時，忽然看到身邊的其他人毫無反應，我們也會放棄這貌似怪異的舉動。當所有人在會議上的發言都很嚴肅時，一個人便不好意思開玩笑，儘管他認為這個話題本不必那麼嚴肅。

一方面人們在追求選擇的自由、做事的自由，但另一方面，從眾在主觀層面把自由的空間擠壓得越來越狹窄。

可憐的歸屬需求

「快看快看！」這是我在讀國中時，班上的一群男生看到某位女生時做出的反應。那位女生天生患有小兒麻痺症，走路時一隻腳會顯得有些瘸。因此，她平時很少走動，除非是迫不得已的情況，例如每天早上來教室、上廁所或者放學時。但這些時候，總會有一些男生聚在一起盯著她，一邊交頭接耳，一邊發出嘲笑聲。

真的每個人都覺得這位女生非常可笑嗎？想必不是。只不過有些人為了表達與群體的相似性，做出了一致的行為，從而確保自己在群體中的歸屬感。

就像「碼頭哲學家」艾力・賀佛爾[h]諷刺的那樣：「透過認同，個人不再是他自己，而成了某種永恆之物的一部分。」

我們都一樣

我自己也無法完全擺脫從眾。

記得在大學，有一次我去競選學生會藝術社團的社長職務。競

---

[h] 艾力・賀佛爾：社會心理學家兼碼頭工人，大部分時間在碼頭做搬運工和修理工，期間寫了多部著作，包括社會學經典《狂熱分子》。離開碼頭後他又到加利福尼亞大學教書，曾獲頒總統自由勳章。

選方式是每人用十分鐘的時間來介紹自己並說明為什麼自己是最佳人選。在競選之前，我就有了一個計畫：用特別一點的方式來發表競選演講——透過唱自己寫的一首歌來開場，然後再連結到我要講的其他內容。

可是競選開始後，我發現前面的每個人都是很規矩地在講自己是誰、有什麼長處、打算怎麼做等，沒有任何人玩花樣。我當時便想：是不是不應該玩花樣？大家說不定會覺得我很怪，要還是老老實實地講吧。就這樣，我放棄了原先的計畫，發表了一個和其他人並無太大差異的演講。

我記得當天晚上我久久無法入睡，不是因為擔心自己落選，而是我感覺那天演講時，我的軀殼並沒有代表我的靈魂，我因為其他人的樣子改變了自己的樣子，那種虛空的歸屬需求讓我迷失了自己。後來我告訴自己：寧可有趣地失敗，也不要平庸地獲勝。哦，對了，後來我確實也沒獲勝，我平庸地失敗了。

在 Part 1 描述的有趣的特徵中，無論是非常規的行為、獨到的視角，還是幽默的表達等，都可能會在從眾面前敗下陣來。一旦處在群體中，人們便好像戴上了同樣顏色的眼鏡，執行著相同的程式碼，而有趣消失得無影無蹤。

4. 害羞

你有沒有過這樣的經歷？在某個團體活動中，有人請你來一段表演，你卻臉紅心跳地只想找個地方躲起來。又或者，在會議上你本來有個新奇的想法，最後卻猶豫了半天也沒好意思說出來，因為你擔心

大家會覺得這個想法蠢。其實這並不能代表當你真的表演或發言時，人們不會覺得有趣，更不能說明你沒有呈現自己有趣的一面的意願，你只是被害羞這個障礙卡住了。

　　我記得有一次為一家跨國網路安全公司上演講課，課程時長共計兩天，學員分為五個小組，每個小組大概五個人。課程的最後一個環節，是每組派一位代表上臺進行一段十分鐘的演講，然後其他人打分數，選出最終的冠軍。

　　兩天的課程包含多次互動問答和各種小練習，所以學員有很多發言和練習的機會。不過，我依然發現有少數幾位學員從來沒有發言過，所以我就要求每組還沒有發言過的那個人作為代表，來進行最後一輪的決賽。

　　前四組的代表講完之後，輪到最後一位代表上場了。走上臺的是一位女生，她個子不高，留著短髮，戴著黑框眼鏡，開口前一直抿著嘴，我能看出她有些緊張。但當她開口後，所有人都笑得合不攏嘴，因為她實在是太幽默了，而且還講得有憑有據。所有人全程都被她深深地吸引住了。說實話，我認為那是那場培訓中唯一一段可以稱得上有趣的發言。

　　不出所料，最後這位女生以明顯的優勢拿到了最高分，贏得了冠軍。下課後我好奇地問她：「你為什麼在前面的練習中一直不發言呢？」她說因為她比較害羞，不好意思在這麼多人面前演講，要不是因為我提的要求，她最後也不會上臺來。她自己也完全沒想到會得到大家如此高的評分。她的同事後來也表示，從來不知道她居然還有如此有趣的一面。有趣的靈魂差點被害羞這個障礙擋住。

　　害羞的人並不在少數。據統計，有超過八十％的人曾有過害羞的經歷，其中超過四十％的人現在仍然容易感到害羞。[20] 這個比例在東方人中更高。害羞具體表現為在與人交流或者做出有趣的言行時會感到不自在，甚至膽怯。而造成害羞的原因是害怕暴露自認為的弱點或不得體的一面，使自己遭受或大或小的傷害，儘管有時這只是一種假想（Part 5）。

　　然而，一項關於害羞與幽默感之間關係的研究發現，兩者呈負相關。[21] 也就是說，一個人害羞的程度越高，就越難表現出幽默的一面。除了幽默，非常規的有趣行為或獨到的視角的呈現也是一樣，都需要跨過害羞那道門檻。

5. 單一性

　　我的母親是一位中醫師。最開始，她在老家造紙廠的醫務室上班，後來遇上二十世紀九〇年代的下崗潮，便自己開了一家診所。這個診

所是我在家和學校之外常待的地方。放學後或者週末時，我經常去母親的診所，有時寫作業，有時聽大人們聊天。有時候，母親還會分配一個特殊的任務給我，那就是當她的小助手。

　　既然是中醫診所，就少不了一個大裝備——中藥櫃，也叫百子櫃或藥斗子。它是一個有著數十個小抽屜的木櫃，每個抽屜裡面又隔了幾個小格子，每個格子裡放著一味中藥。母親診所裡的那個中藥櫃是深棕色的，每個抽屜外面都貼了一張泛黃的標籤，上面用毛筆寫著對應的中藥名稱。

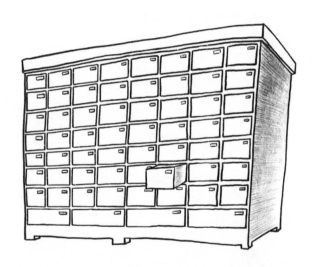

　　作為小助手，我的一項工作便是抓藥。母親依據病人的病症開出藥方之後，會告訴我中藥名，例如「金銀花！十克！」聽到藥名後，我便趕緊去找對應的標籤和抽屜，並抓出一把藥讓她秤重。

　　我覺得這個工作很好玩。更有成就感的是，我慢慢記住了一些常

用藥所在抽屜的位置，因為儘管中藥櫃裡有上百種藥，但其實只有一部分是經常用到的藥，例如甘草、菊花、金銀花、蒲公英、黃芪等。當母親讓我去抓這些常用藥的時候，我已經不用再一個抽屜接一個抽屜地去排查標籤上的藥名。久而久之，那些經常被我拉出來的抽屜變得異常滑順。

但是有一次，母親開了一味對我來說很陌生的藥，我已經記不太清楚具體是哪一味藥了，就當它是大戟吧。

母親告訴我：「大戟，十克。」

我對著幾十個抽屜找了好久，終於找到了，咦？怎麼拉不開！我繼續使勁拉，還是拉不開。

「大戟呢？」

「媽，抽屜打不開！」

於是母親過來和我一起拉，我們就像是和巨大的中藥櫃進行了一場拔河比賽，最終好不容易才拉開了抽屜。

原來，那味藥好幾年都沒用過了，所以對應的抽屜也一直沒有被拉開過。由於潮濕、變形等緣故，那個抽屜就像是被鏽住了。

多年後我發現，我們的許多行為方式與能力，其實和那些抽屜並無兩樣：那些常做的事、常用的能力，會越來越熟練、滑順；那些由於客觀或主觀原因而沒有經常使用的行為方式與能力，就會逐漸生鏽、退化。對於有趣，也是同樣的道理。有時，人們並沒有害羞，也並沒有從眾，只不過他們那些和有趣相關的能力沒有得到鍛鍊，「抽屜」就生鏽了、卡住了。

我記得同樣是培訓課上的一次演講，上臺的是一家企業的一位高

階主管，和前面那位冠軍女學員不同的是，他沒有一絲害羞，而是非常積極地進行表達。在座的人都能看出來，他在努力透過幽默的語言以及一些肢體動作，讓自己的表達更加有趣，更加與眾不同。不幸的是，他對於自己幽默的表達方式異常生疏，就好像是第一次炒菜、第一次滑雪一樣。最終，大家不但沒有笑，反倒為他捏了一把冷汗。

在主觀上，他有著強烈的意願想做到有趣，只可惜，過往的經歷和工作環境帶給他的可能只是嚴肅、平實的模式，當他突然想變得有趣時，卻發現身上並沒有裝著「有趣」這味中藥的「抽屜」，這便是單一性對於有趣的影響。至於單一性形成的根源，則要深入探尋我們的神經元是如何工作的。

我們的大腦由上百億個神經元組成，這遠超過人類肉眼可以看到的星星的數量，每個神經元就像是一個郵差一樣。比如，當梅蘭芳在臺上要擺出一個蘭花指的動作時，部分神經元（郵差）就會向其他神經元發送「翹動手指」的訊息（信件），這個訊息透過神經元一路傳遞到他的手指，最終完成這個動作。各個神經元之間有著大量上述的連接，它們就像一張密集的蜘蛛網，我們正是基於這樣的連接來完成諸如讀書、擁抱、踢足球、煮飯、打字、聊天等行為的，當然，也包括那些有趣的言行。

然而神經元之間的連接，自從我們出生那天開始就一直在被改變，具體來說，是在被創建、增強、減弱或解除，這個現象也叫「神經可塑性」[22]。例如，當我們學到一項新的本領時，相關的神經元之間就會建立起新的連接，而當我們不斷練習一件事時，相關的神經元之間的連接就會被增強，即訊息傳輸越來越快、越來越高效。就好比我

們在茂密的森林裡踩出一條小徑，這條小徑被踩得越多次，就越平坦、越好走。

反之，如若我們不再走那條小徑，植被便會慢慢地重新長出來，直到這條小徑逐漸消失。也就是說，當我們不再持續練習某些事情時，相關神經元之間的連接就會減弱，甚至最終被解除，能力也隨之消失。當然，對於從未嘗試過的事情，相關神經元之間的連接壓根不會被創建。

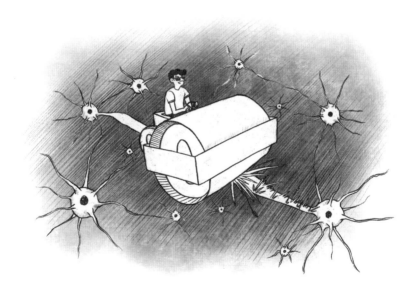

這就是為什麼那位企業高階主管在主觀意願上想進行有趣的表達，但在語言和行為層面做不到，因為他的那條「小徑」還沒有被踩出來，或者曾經存在過，但後來由於沒有得到練習，慢慢被「植被」覆蓋住了。

因此，當我們在特定環境下，如果需要做的事情並沒有調動和有趣相關的神經元連接時，那麼在日積月累之後，我們就很難即刻做出有趣的言行，保持有趣的狀態。

對比以上三個影響有趣的內在因素，從眾與害羞是人們在不同場景下做出的主觀反應，即我們可以選擇從眾與否，或者哪怕感覺害羞，也可以選擇邁出那一步。單一性則不同，當我們只有一個「抽屜」時，是無法瞬間變出第二個的，畢竟它需要前期累積。這就是為什麼我們需要透過經歷、時間來對抗單一的環境（Part 8）。

這五位有趣的「殺手」，有的遊走在外面的世界，有的隱藏在我們內心，有的會迷惑我們，有的則會在關鍵時刻阻攔我們，它們都在不同程度上扼殺著有趣。

誠然，可能不是每個人都會經歷上述因素，只不過每一個因素都有扼殺有趣的潛在可能性。另外，這些「殺手」有時也會群聚，彼此間相互作用。例如教育環境會助推我們的從眾性（如前文提到的「標準答案」），社會標準也是造成我們的單一性（對人們能力衡量的單一性）的原因。

好在我們並不是束手無策。恭喜正在閱讀的你，想必你已經意識到了有趣的重要性，以及為什麼有趣與我們漸行漸遠。那就讓我們再向前邁一步——面對這些「殺手」，想要做到有趣的話，應該怎麼做呢？

Part 4

「有趣」的密碼是什麼？

那是一次有點「分裂」的經歷。

在某次總裁班的培訓中，我為二十多位企業 CEO、CMO（首席行銷長）講「戰略思維」課程。因為在場的學員都是大型企業裡有著多年管理經驗的高層，其中年齡最大的學員將近六十歲，所以在第一天的授課中，我全程都非常嚴肅，或者說我有點「裝」，嘗試「裝」出一種老教授的姿態，來掩蓋我稚嫩的面容，以免他們認為我經驗不足。

在一天的課程結束後，作為專案的一部分，大家共進晚餐。席間，我仍然刻意保持著老教授的風範，舉手投足都放慢了一倍，還用專業的口吻來回答大家的提問。可就在這時，有一位淘氣的學員（他應該是在某些平臺上看過我的影片）突然用很大的嗓門說道：「我知道朱老師的一個祕密！他在短影片裡可不是今天這樣，他很喜歡表演，還模仿卓別林，模仿李佳琦。」

他說完，所有人都瞪大了眼睛。

「大家想不想看朱老師現場表演一段呀？」

「想！來一段！」學員們齊聲附和道。

天啊！雖說我一般不會害羞，但畢竟已經「裝」了一整天了，而且還「裝」得如此成功。這可怎麼是好？一方面，我內心暗暗地和自己說：「誰叫你要裝！這下好了吧！」另一方面也在顧慮：「我到底要不要演呢？氣氛都已經到這個地步了，不演不好收場。但如果演的話，我『裝』了一天的人設，就會當場崩塌，這可如何是好？」

我猶豫了。在那一刻，我意識到：想做到有趣，需要遠比言行更深刻的東西。儘管從行為層面，我完全可以做出有趣的表演，但真正

左右我，真正決定我會不會脫下那層偽裝的，還非行為本身。

∞

在前面幾章，我們反覆提到有趣的特徵，無論是異於常規的行為、從未聽聞的觀點、讓人捧腹的幽默，還是一個人的多面立體，這些都只是呈現出來的外在結果。可做出異於常規的行為談何容易？新奇的觀點是怎麼冒出來的？幽默又是如何做到的？這些外在結果的背後一定還隱藏了其他的東西。

比如，馬車故事中的女生微微，在老闆和司機劍拔弩張的情形下，在其他人恍神之際，為什麼只有她可以幽默地化解衝突、緩和局勢呢？和她身材一樣的女生有很多，為什麼她卻可以拿自己的身材開玩笑呢？只是因為她掌握了幽默的語言技巧嗎？答案顯然不是。

語言和行為，都是人最為顯性的部分，是站在「門外」就可以看到的東西。倘若我們要做到有趣，只有踏入「門內」才可以實現。

那麼，打開有趣這道門的密碼究竟是什麼呢？

1. 言行被什麼操縱

讓我們暫時從有趣這個話題中跳出來。從普遍意義上來說，一個人每天從早上睜開雙眼到晚上入睡前的每個舉動、每句言語，例如穿有個性的服飾、在大會上激情演講、與水果攤主殺價、扶老奶奶過馬路等，不管有趣與否，都是由藏在人這個複雜生命體內一些本質、內在的東西操縱的。

　　在語言與行為層面上，幾乎任何人都可以開口發出聲音，但有些人只能說出隻言片語，有些人卻可以做出流利的演講；任何人都可以在水裡打水幾下，濺出水花，運動員卻可以用五十秒游完一百公尺。藏在這些言行背後的第一層，便是相關能力的支撐，這與言行本身有著明顯的區分。

能力　　行為、語言

能力

　　我們有些言行是基於外界的刺激做出的簡單反射，比如被水燙到時，會大叫並立刻把手挪開，但大部分言行並非如此。就像上面提到的演講與游泳，只有掌握了表達能力，我們才可以言之有物，條理清晰；只有掌握了合理的換氣方式、標準的泳姿，我們才能夠在水中快速游動；只有掌握了目標拆解、問題解決、時間管理、溝通談判、成本控管等方法，才能夠勝任專案管理一職。

　　把言行轉換為能力，我們需要掌握的不只是單個或零散的詞句或動作，而是在特定情況下，一系列有著相關性的語言或行為，從而實

現某一個特定的目的。例如，我們每個人天生就會呼吸、轉頭、擺手、踢腿，但這並不代表我們天生就會游泳，只有掌握了讓這些簡單動作配合起來的方法，我們才可以在水裡邊換氣邊前進。

零散的言行　　　　　　　　　　　能力

能力的形成，需要人在大腦皮層上對眾多的資訊進行整合（例如演講中的講話音調、演講內容、肢體動作等），和視、聽、嗅、味、觸等感官系統進行聯繫（例如透過視覺系統來觀察聽眾的反應，透過聽覺系統來感知自己的音調等），並且能夠進一步調整自己的言行（基於視覺與聽覺的回饋，改善演講到更優的狀態）。因此，相比言行本身，能力是一個更深層次的因素。這裡回答的是「需要什麼才能實現目的」的問題。

在這裡，我把能力分為兩大類[a]，一類是我們大腦內部的活動——認知能力，另一類是外化的活動——執行能力。

認知能力

假如我們要準備一次演講，首先得知道具體講什麼。無論主題是「世界和平」，還是「把大象裝進冰箱的十八個步驟」，都需要我

---

a　能力也可以從其他維度劃分，例如理解能力、創新能力、表達能力等。

們對這個主題形成相關的認知。比如：在主題為「把大象裝進冰箱的十八個步驟」的演講中，我們需要考慮冰箱是否可以做成大象那麼大的尺寸？冰箱的承重夠不夠？大象在冰箱裡會不會被凍哭？大象會不會因為怕冷跑出來？把大象裝進冰箱的這個舉動是否會遭到動物保護主義者的反對？冰箱裡要不要準備一些香蕉？

我有過一次無比失敗的演講經歷，失敗的原因是我沒有對臺下幾百位聽眾的知識背景和需求進行瞭解，以至於聽眾對我講的內容完全提不起興趣。這也是因為我對聽眾的認知不夠。

倘若要弄明白上述問題，我們需要查閱資訊、理解、分析、判斷，甚至想像，這個過程便需要認知能力。

對具體或者抽象事物的認知，是進行各種從簡單到複雜的活動的基礎，無論是做一道菜、進行某項體育運動，還是主持一場商務談判、設計一款劃時代的產品等，都需要認知。比如要掌握游泳這項技能就需要一系列認知：游泳時需要換氣、自由式換氣的最佳時機、腳掌減少水阻力的方式、頭在水中的擺放位置等。

再比如與跨部門團隊談專案合作，也需要一系列認知作為基礎：專案的目標是什麼、對方的真正訴求是什麼、目標的實現對於對方的價值是什麼、合作中應該如何分工才會讓整體效率最高、對方可能提出什麼樣的條件等。

執行能力

認知能力外的另一類能力則需要我們透過肌肉動作完成特定的活動。例如：用筆在紙上畫出優美的線條、把大象推到冰箱裡、把腦子

裡的知識講出來、按照商業計畫去談合作等。

執行能力可以從物理概念的角度去理解，它關乎速度（做多快）、品質（動作的力道）、位置（動作的精準度）。比如拳王阿里的招牌式閃躲需要速度，出拳需要品質，同時，整場比賽中都要不斷調整與對手之間的距離，即自身位置。蘋果新品發布會上的賈伯斯，也是透過講話的節奏、聲音的力道以及簡潔又明瞭的 PPT 設計（即視覺元素的位置），感染著現場的每一個人（所講的內容本身是以認知為基礎的）。

執行與認知密不可分。但是，有了認知並不代表就有能力執行。就好比我們知道游泳時應該如何換氣，但實際上仍然有可能在換氣時喝下滿口的水；我們在腦子裡告訴自己演講時要加入一些手勢，實際講的時候卻發現不知道手到底該怎麼擺放。

從認知到執行，需要反覆練習，從而讓自己在神經和肌肉層面實現大腦中形成的意象。這個過程是半意識化的，即我們一方面會有意識地去鍛鍊某項能力，另一方面也會在無意識的情況下做出某些行為使能力得到提升。比如在我們一邊和朋友聊天一邊吃下一百隻螃蟹的過程中，吃螃蟹的能力不知不覺就會得到提升。

那麼，有了能力就代表可以做出想要的言行嗎？以演講為例，如果一個人已經對某演講主題有了足夠的認知，也具備演講所需要的表達技巧，那麼他就一定可以做出精彩的演講嗎？

假設在演講過程中出現了這幾種情況：他根本就不覺得演講這件事情是有意義的，從而在演講時完全提不起精神；他上臺時觀眾沒有鼓掌，導致他的自尊心受到了傷害；因為演講舉辦單位給他的酬勞沒

有達到他的預期，從而影響了他在演講時的心情；他在演講的過程中，說錯了一個詞，這讓他覺得演講已經失敗了，結果在剩下的時間裡完全無法保持專注。

　　以上的每一種情況，都足以影響甚至摧毀這次演講！但這是演講能力的問題嗎？顯然不是，而是比能力更深入一層的東西——信念與價值觀。

信念與價值觀

信念、價值觀　　能力　　行為、語言

信念

　　我們會憑藉一張地圖去尋找一個從來沒有見過的雕塑或紀念碑，哪怕我們不知道繪製地圖的人是誰、賣地圖的小販有沒有營業執照，我們仍然會按照路線行走，這是因為我們無條件地相信手中的那張地圖。

　　信念就是我們確信存在的事實或者正確的觀念，且不需要被證明。信念既包含肯定某事實或觀念，也包含否定某事實或觀念。下面是一些有關信念的例子。

關於宇宙和自然規律：

- 地球圍繞太陽轉。

- 人三天不喝水會死。

- 大象一定不喜歡冰箱裡的溫度。

關於人性：

- 父母總是愛我的。

- 別人不會忘記我們幫過的任何一個小忙。

關於個人成長：

- 出生在農村的人很難成功。

- 當我失敗時，是因為我的運氣不好，而我會將成功歸結為自己

所擁有的才華（卓別林的信念）。

· 透過自身努力能達到的高度是有限的。

· 如果把時間無限壓縮，許多付出在第二天就會有結果（我的信念）。

信念產生於我們從出生開始的經歷（尤其是關鍵性事件）、教育、社會及文化環境等。

價值觀

價值觀是我們認為重要的準則或標準，它涉及多個方面，諸如我們認為哪些美德是重要的（例如尊重、關愛），怎樣的行為方式更可取（例如維持友情、使用權利），應該追求什麼樣的人生目標（例如快樂、自由、財富、健康）等。這也是為什麼價值觀會在根本上影響人們之間的交往，如親密關係，因為它涉及人生中重要課題的權衡與取捨。

我記得我在英國讀企業管理碩士（MBA）時，班裡的同學都會被分成若干學習小組，一起完成老師規定的作業或者專案。但是在第一學期剛開始時，我們學習小組的合作並不順暢，大家甚至會吵架。

後來我慢慢發現，每個人在完成小組作業過程中在乎的東西都不同。例如：有位美國女生認為每次作業都要達到最好的結果，即獲得高分；義大利同學認為要享受在學校的每一刻時光，因此他寫作業時也要有美酒和火腿相伴，而是否得到高分並不重要；一位英國女生認為最關鍵的是把課上學到的每個概念都運用到作業中，因此練習才是

重點；我當時更看重在探討同一個問題時，不同文化背景的人會有什麼不同的觀點，我不在乎高分，也不在乎練習。所以，在完成前幾次小組作業的過程中我們經常吵得不可開交。

以上這個例子映射出的就是價值觀的不同。獲勝、享受、進步、體驗世界的豐富性，到底哪個更重要？每個人的答案都是不同的。

後來，我們事先確定並協調好當次作業的重點，大家才得以愉快地進行合作。

價值觀和信念的區別在於，信念是關於「什麼一定是對的」，而價值觀是關於「什麼是更加重要的」。

下面是一些有關價值觀的例子。

關於做事的方式：

- 做任何事情時都應該追求愉悅。
- 在人際交往中要讓身邊的人感到舒適。
- 在合作中不能強迫別人。

關於人生選擇：

- 一個人必須不斷地成長。
- 家人的健康比事業成功更重要。
- 寧可有趣地失敗，也不要平庸地獲勝（我的價值觀）。

這裡重要的不是瞭解信念和價值觀之間的區別，而是關注它們所發揮的作用。讓我們回顧一下前面提到的出現四種情況的演講者，他擁有演講的能力，可是操縱他表現的並非能力，而是他的信念與價值

觀：當在他的價值觀中不認為與人分享是有意義的，那麼他便不會對演講感興趣；因為沒有獲得掌聲而感到受傷，是因為在他的信念中，沒有掌聲等於沒有尊重，而在他的價值觀中，尊重很重要；酬勞太低而影響心情，是因為在他的價值觀中報酬比其他東西更重要；由於說錯詞影響了專注力，是因為在他的信念中，瑕疵代表著失敗。

可以看出，哪怕一個人具備做某件事情的能力，但其根深蒂固的信念與價值觀就像一隻無形的手，可以輕易地摧毀一個人的表現。當然，信念和價值觀也可以反過來強化一個人的表現。這一切幾乎都是在無意識的狀態下進行的。

信念和價值觀共同影響著我們在做事、表達、與人相處等方面的態度（心理傾向）以及最終的選擇，並在本質上幫助我們回答了兩個問題：一件事情是否能做，以及是否有意義。進一步來說，這兩個問題都是在解釋「為什麼」。

信念和價值觀層面的問題，比能力層面的問題——「需要什麼才能實現目的」，對一個人的影響要更深遠。這種影響在一九九五年外科醫生布魯斯・莫斯利的一個實驗中得到了充分的印證，一度震驚了媒體及心理學界。[23]

布魯斯醫生找了一百六十五名因患有膝蓋關節炎而感到疼痛的病人，他們的疼痛感都在中度以上，但關節炎的嚴重程度並沒有達到重度[b]，另外他們的病情都持續了半年以上且以前從未做過手術，而且他們的疼痛程度是均勻分佈的。布魯斯醫生對這些病人的治療分為兩大

---

b 病人的關節炎嚴重程度從輕度到重度分為零～十二級，該實驗排除九級以上的病人。

類。

　　對於第一類病人，布魯斯醫生對他們進行了關節清洗治療──把有菌物質或脫落的軟骨等沖洗掉，或者清創手術──把損傷或壞死的組織切除並進行修整，兩者均為常用的治療手段。而對於第二類病人，布魯斯醫生只是模擬了清創手術的過程：在他們的膝蓋部位切開幾個小口子，並假裝用器具對損傷或壞死的組織進行了切除，但實際上並沒有將任何器具放入膝蓋中，同時病人們都服用了鎮靜劑並經歷了整個手術過程。

　　因此，第二類病人和第一類病人一樣，他們在信念上認為自己確實接受了治療。

我很好啊！

在隨後的兩年裡，布魯斯醫生對這些病人進行了追蹤觀察，結果令人吃驚：那些只是在信念上認為自己接受了治療的病人，無論是疼痛程度的減輕，還是膝蓋功能的改善，都和真正接受了治療的病人相當！在這個例子中，信念甚至影響了一個人的身體狀況。

然而，信念與價值觀還不是影響我們言行的最深層因素，在「門」的最裡面還有一層——身分。

身分

「我是誰」是有關於身分的核心問題，即我們如何看待自己在家庭、社會、世界中所扮演的角色。身分比前面提到的能力、信念和價值觀這兩個層面更為深刻，這也是為什麼「你是個失敗者」聽起來遠比「你沒意識到這件事情的重要性」、「你還沒學會怎麼做這件事」更加刺耳。因為它關乎我們存在的意義，以及我們與所處環境之間最本質的關係。身分會從根本上動搖我們的信念、價值觀、能力、言行。

試想，假設有一位企業高階主管，他去某行業論壇演講前把自己定位成一位「被擁戴的主管」，而不是「有價值的內容分享者」，那麼他可能不會有動力依據主題去整理和準備自己的演講內容。或者，當臺下滿是同等級的同行時，他卻在臺上以專家身分自居，以高高在上的姿態灌輸思想給大家，儘管他有著很好的演講能力，儘管他在信念上堅信這次分享有價值，但他還是有可能會遭到聽眾的抵觸，最終變成一次失敗的演講。

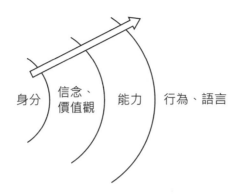

身分　信念、價值觀　能力　行為、語言

　　在《魔鬼辭典》裡，安布羅斯・比爾斯[c]對「人」的定義很有趣：「人是這樣一種動物，他們沉醉於自以為自己是誰，卻忽略了他們應該是誰。」[d]

　　你可能會想，我自己是誰我還不知道嗎？然而，在這個複雜的世界上，人處在多個環境、多種關係中，有著多個不同的身分。在特定情況下，有人可能真的對自己當時的身分不自知。

　　比如，我們在公司時常會看到這樣的場景：有些新員工等著老闆來規劃和催促工作任務，工作做完後等著老闆來驗收；有的員工則主動思考自己需要做什麼，自己對自己的成果負責。前者就像一個沒長大的孩子或者學生，只不過他自己還沒有意識到自己身分的轉變，所以產生了消極的態度及行為方式。

---

c　安布羅斯・比爾斯是一名記者與諷刺小說家，他看起來很喜歡魔鬼，因為他還著有《魔鬼的樂趣》。一九一三年，七十一歲的他去前線報導美國內戰，隨後在給摯友的一封信中寫道：「我明天卽將去一個未知的目的地。」他從此便失蹤，成為一個永遠的謎。

d　原文：Man, n. An animal so lost in rapturous contemplation of what he thinks he is as to overlook what he indubitably ought to be.

再比如，如果一位女性生了小孩後，一直停留在母親的身分沒有跳出來的話，會發生什麼呢？她可能會忘記自己獨立女性的身分，在無意識的情況下，丟掉作為獨立女性的信念或價值觀，例如對美的追求、時間分配原則等，進而在行為上無法作為獨立女性和她的丈夫互動，甚至可能失去女性的吸引力。同樣地，如果她沒有調用自己女性的身分，就不會像女孩一樣撒嬌。身分的轉換對男性來說也是同樣的道理。

有一次，中國網球選手李娜在比賽中輸掉一局後，回到場邊休息，她的教練姜山跑過來正要對她進行指導，沒想到李娜張口就是一句：「你要是看不下去，就滾出去！」這位教練一時竟沒反應過來，原來李娜是在對這位教練的另外一個身分——丈夫說話。因為姜山既是李娜的丈夫，也曾是她的網球教練。

每個人都有多個身分，這些身分並不僅僅是指一個人的名字或者頭銜，而是關係到我們如何認定自己當下的角色，甚至從廣義上也包含我們如何看待自己存在的使命和在世界中的定位。例如：有人認為自己是可以改變世界的人，有人認為自己是太空探索者，有人只是想照顧好身邊的人。只不過，人們在不同的情況下可能並沒有意識到自己當下的真實身分是什麼，以及這個身分對自己的影響。

那麼什麼會影響我們對自己身分的認定呢？我認為主要有三個因素 [24]。

一、經驗回饋

過往的經歷有些讓我們獲益，有些讓我們受損，這會影響我們選擇扮演什麼樣的角色。比方說，一個人在 A 角色上享受到了大家的

讚賞，而在 B 角色上收到了負面的回饋，那麼他會更多地扮演 A 角色。如果一個人在公司給自己的身分定位是變革者，他提出了很多創新的舉措，但屢屢受挫，甚至威脅到了自己的飯碗，那麼他會傾向於把自己的身分轉換為順從者，因為後者更安全、更舒適。

二、最近身分

如果我們長時間扮演某個身分，就很難從中跳出來，轉換到下一個身分中。當一個高層管理者在公司以職場主管的身分工作了十個小時後，他回到家時可能無法立刻從「主管」的身分中跳出來，以至於繼續「指揮」家人。

三、社交環境

一個二十歲的年輕人，當他處在一群五時歲的人中間時，會更多地意識到自己在年齡維度的身分——我是一個「年輕人」，而忽略自己在其他維度的身分，如「老師」。當一個金融分析員和一群工程師待在一起時，他會更加地意識到自己的職業身分，忽略自己在其他維度的身分。因此，當我們所處的社交環境在某個維度上有顯著的差異時，例如上文提到的年齡、職業，會更容易激發我們在這個維度上的身分。

因此，身分就像是我們衣櫥裡的帽子，有很多頂，關鍵是它們還都有魔力。當我們戴上某一頂帽子時，它就會開始發揮作用，影響我們相信什麼、在乎什麼。

身分連同另外兩個層面——信念與價值觀、能力，由內向外層層影響並操縱著我們每天的一言一行。如果我們想要改變或調整言行的話，則需要反過來，從外向內去解決問題。例如，當一個人在行為上

沒有管理好一個團隊時：

　　首先，進入能力層面——是關於什麼能力的問題？是決策能力還是溝通能力？

　　其次，當能力層面沒有問題時，則要進入信念與價值觀層面——是他不信任團隊，還是他認為討好老闆比團隊業務更重要？

　　最後，如果在信念與價值觀層面沒有問題，則再進一步深入身分層面——他如何看待自己？他是否真正進入了管理者的角色？他認為自己的角色是什麼？是家庭的守護者、行業研究者，還是企業家？

　　我們要從可見的外部言行一層一層向內深入，尋找真正的答案。

讓我們再回到有趣。

對於有趣的人，無論他們採取何種方式，在上述三個普遍意義的層面同樣適用。比方說畫家黃永玉先生，八十歲還在開跑車（行為），這需要他肢體協調、反應速度快才能夠掌握開跑車的技術（能力），但有技術不代表就一定會去做，除非可以突破「年齡太大則不適合開車」這樣的信念，並認為體驗自己熱愛的事物是人生重要的組成部分（價值觀）。在身分層面，他甚至不會覺得自己是傳統意義上的上了歲數的人。

讓我們把鏡頭再切回到本章開頭我在培訓晚宴上遇到的困境。

在行為與能力層面，把我在影片中已經表演過的東西再重複一遍並沒有難度，但是在大家的鼓勵和掌聲中，我仍然在猶豫：「演還是不演？」我在更深的層面面臨著更為艱難的自我拷問。

在信念與價值觀層面，我想的是，學生們會不會認為進行幽默表演的老師在商業領域不夠專業？在人生中，是穩當地完成當下所做的事情更重要（完成培訓課程），還是冒著風險活出真實的自己更重要（進行幽默的表演）？

在身分層面，在這場晚宴上，我應該保持老師的身分，還是拋開老師的身分做大家的朋友？

這三個問題讓我足足猶豫了十幾秒鐘，它們就像是綁在身上的幾條繩子一樣緊緊地束縛著我。

2. 真正的「殺手」

如果我們反過來看 Part 3 提到的那些有趣的「殺手」，除了教育環境和社會環境這兩個外部因素，要克服從眾性、害羞、單一性，也

同樣需要從上述三個層面入手進行梳理，它們才是那些「殺手」背後
的「大佬」。

從眾性的「殺手」

　　前文有提到，從眾不利於我們變有趣。那麼人們在什麼情況下會
更容易從眾呢？

　　首先，針對社交群體中人們正在討論的話題或者採取的行動，如
果我們的認知不足，或者能力不及群體內的其他人時，則更傾向於從
眾。就好比讓一個數學差的人和三位統計學博士討論應該如何對兩個
調查問卷結果進行交叉分析，又或者讓小豬和七隻啄木鳥開會探討應
該如何在樹上打洞，數學不好的人和小豬的從眾壓力不言而喻。這便
是能力層面對從眾的影響。

　　其次，如果一個人根本不認為成為群體的一分子是重要的，而是
認為表達個人主張更重要的話，他便沒有從眾的動力；再或者如果一
個人希望融入某群體，但是他不認為只有與大家保持一致的意見才會
被群體接納，那麼他也不會有從眾的傾向。這便是信念與價值觀層面
對從眾的影響。

　　最後，我們有從眾傾向，往往是因為我們著眼於某個特定的群體，
比如一個部門中的十個人、聚會中的三十位老同學、演講比賽中的
二十位選手等。在那個時刻，我們認定自己是該群體中的一員，所以
才會有從眾的傾向。但我們在這個世界上所隸屬的群體不只一個，我
們也不只擁有一種身分。如果我們把自己視為其他群體中的一員，或
置身於更大的範圍中，那麼結果會怎麼樣呢？假定，在我那次失敗的

學生會競選中，我告訴自己，我不是競選者，而是一個想用歌曲表達自己的人，那麼從眾的傾向一定會降低。這是身分層面對從眾的影響。

影響「從眾」的因素

能力	能力不足
信念、價值觀	群體的歸屬比個人的主張更重要 只有意見一致時個人才會被群體接納
身分	僅僅局限在某個群體中的身分，而不是其他範圍下的身分

害羞的「殺手」

Part 3 提到害羞有時會阻礙我們的有趣，那麼人在什麼情況下更容易害羞呢？

首先，我們往往會在不熟悉的場合、不擅長的領域中更容易害羞。就好比讓一個五音不全的鉛球運動員突然當眾高歌，或者讓小豬在雞群中表演「金雞獨立」，這種情況下出現害羞的可能性更大。這是能力層面造成的害羞。

其次，當我們認為別人總會關注自己展現出來的弱點時，就會引發害羞情緒；或者當我們認為自己的體面比把當下的事情做好更重要時，也會增強害羞情緒。這是信念與價值觀層面對於害羞的影響。

最後，有時人們害羞是因為把自己局限在了一種默認的身分中，而這個身分影響著我們在其他層面的認知與表現，例如一個人第一次從小鎮去城市裡參加文藝比賽時會想「我就是個人們看不起的鄉下

人」，或者一個人在會議上發言時心裡想「我只是個新人，他們都比我有經驗」。「鄉下人」、「新人」就是在某些場合下，人們給自己的默認身分。

影響「害羞」的因素

能力	遇到不能駕馭的場合或不擅長的領域
信念、價值觀	別人一定會關注到我的弱點 自己的體面比把事情做好更重要
身分	局限在自己默認的身分中

單一性的「殺手」

有趣的另一「殺手」——單一性，也是類似的情形：能力的缺乏是造成單一性的直接原因；認為開發更多樣的能力不重要，嘗試不同的事物也不重要，這是價值觀層面導致單一性的原因；在某種環境下，一個人認為只有某些特定的言行方式才是合適的，這是信念層面導致單一性的原因；把自己局限在某一特定的身分下，這是身分層面導致單一性的原因。

上述內容的主要目的並不是為了剖析從眾性、害羞或單一性的原因，而是希望從反面來思考這些制約有趣的因素，並認識下文提到的四個層面對於有趣的作用。

3. 打開有趣的門

讓我們回到本章開頭的那個問題：打開有趣這道門的密碼是什

麼？其實答案已經浮出水面了，只不過，我希望從到底「如何」才能變得更有趣的角度對前文提到的層面進行重新組合。

首先，我把身分、信念、價值觀三者統稱為內在系統（Internal System）。它們都是我們心靈最深處的東西，沒有形狀，沒有重量，我們甚至都沒有意識到它們的存在。它們作為一個整體，左右著更外層的東西。正是由於具備強大的內在系統，梅遜·查伊德才可以輕鬆地談論自己的缺陷，羅西尼的內在系統則讓他做出了有趣的轉彎。I 是有趣的密碼的第一位（Part 5）。

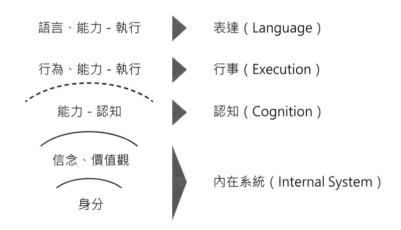

語言、能力 - 執行　▶　表達（Language）

行為、能力 - 執行　▶　行事（Execution）

能力 - 認知　▶　認知（Cognition）

信念、價值觀
身分　▶　內在系統（Internal System）

其次，我會把能力中的認知能力單獨拿出來分析。儘管它與執行能力都屬於能力的範疇，但兩者有著很大的區別。認知（Cognition）比較集中在大腦思維層面，要是我們不說出來，別人就無法瞭解我們的認知。倘若沒有認知，我們呈現出來的言行則會無比空洞。有趣的人，在認知上往往非常豐富或獨到。崔弗對於俄式英語的獨特認知，

南茜和她的同事對於代碼「米奇」與奧蘭多之間的關聯的認知，卓別林對於鬍子可以帶來的喜劇效果的認知，這些都是他們有趣的佐料。認知是我們在觀察、思考、體驗中不斷累積、不斷內化的東西。C 是有趣的密碼的第二位（Part 6）。

最後，在外在層面，我把執行能力併入行為與語言。因為在我們練習如何做、如何說才更有趣的時候，會同時調用執行能力。我把如何做，即行事（Execution）與如何說，即表達（Language）分開來看，畢竟這兩者要做到有趣，在操作層面也有著很大的區別。有的人讓我們看到了好玩的做事方式或找到了不一樣的路徑（Part 8），而有的人只是講話就可以很有趣，這體現出的是語言的多樣性和故事的曲折性等（Part 7）。E、L 分別是有趣的密碼的第三位、第四位。

這樣的話，「有趣」的四個密碼就是：I、C、E、L。如果我們把表達（L）與行事（E）比喻成最引人注目的樹冠，那麼認知（C）就像是樹幹，它輸送養分並支撐著樹冠的生長。內在系統（I）則更像樹根，雖深埋於地面之下，卻在土壤中合成營養，支撐著整棵樹的穩固。當有風吹來的時候，樹冠會搖晃，樹根卻穩穩不動。這四者之間互相關聯，共同作用。接下來，我將從內在系統、認知、表達、行事四個層面延伸，探索如何變得有趣。

樹冠　　　　　　　　　　　　　　　　　行事、表達

樹幹　　　　　　　　　　　　　　　　　認知

樹根　　　　　　　　　　　　　　　　　內在系統

Part 5

密碼一：內在系統

雖然有趣的人的外在表現各有不同，但隱匿在他們心靈最深處的東西有著很多的相似性。內在系統雖然藏在「地面之下」，我們很難看到它們，但是看不見的才是永恆的。不論有趣是透過語言還是行為等方式來呈現，以下四點都會幫助我們積蓄養分，讓有趣開枝散葉。

1. 放下自我

我有一位業務上的合作夥伴（他的公司代理我的培訓課程），他算是我的商業夥伴中為數不多在生活中經常聚餐、聊天的人，我覺得他很有趣。他是個老北京人，濃眉方臉，身材魁梧，愛吃涮肉。我們在這裡就稱他為「魁魁」吧。

有一次，我們一起去拜訪一位客戶，這位客戶是國內某大型零售集團的培訓總監，負責管理集團內全年的培訓專案。我們拜訪的目的就是希望對方能夠把我的課程納入他們的培訓計畫。毫無疑問，這位客戶是這次會議的核心人物，我們稱她為「麗麗」。

那天一大早，我和魁魁便來到麗麗公司的會議室等候。九點鐘，麗麗準時到來。

儘管在我做培訓的幾年裡，我已經經歷過上百次這類會議，可這一次，對方的氣勢鎮住了我。有一堆人圍在麗麗身邊，形成了一個方陣。一個助理負責開門和關門，一個員工專門負責發言，還有若干個員工帶著手抄筆記本。我們明顯能感覺到員工和麗麗之間的距離感，員工對她又敬重又有幾分懼怕。看得出來，麗麗是公司元老級的人物。

麗麗本人看起來五十幾歲的樣子。她的衣服款式簡單、傳統，質料卻很好，透露著低調的名貴。她的神態……怎麼形容呢？總之，當

時她讓我想到了一代女皇武則天，再配上如此龐大的陣容，我感覺自己理應順勢下跪，才足以匹配她高高在上的氣質。

　　而最引人注目的是她的髮型，是那種二十世紀九〇年代曾經很流行的捲髮。她的頭髮不算太長但有很多小細捲，高高地堆積在頭頂，幾乎可以追上廚師帽的高度了，這和她身邊女員工的披肩長髮形成了鮮明的反差。我記得我上一次見到這種髮型，還是在東北遇到幾位來自蒙古國的大姊的時候。這個髮型，不能說難看，可我當時也沒覺得特別美，雖然有那麼一絲時髦的氣息，但時髦中泛著歲月的塵土。

　　基於我多年的經驗，我預計這次的會議不會太順利。

　　隨後，我強撐著膝蓋不讓自己跪下，同時上前一步，與麗麗握手兩秒，並露出七分的微笑。這時，魁魁也上前與她握手，本該開啟「很高興認識您」或者「您氣質真好」這樣的對話，但魁魁說了一句話，讓現場氣氛瞬間凝固：「哇！您的髮型真有特色！」

　　沒錯，原話就是：「您的髮型真有特色！」什麼？怎麼可以和「武則天」這樣講話？

　　員工的臉「唰」的一下就變白了。對於他們來講，如此隨意和私人的話題，顯然是不應該在工作場合對麗麗這樣有威嚴的主管講的，況且我們還是第一次見面。在場的所有人，包括我在內，都不知道如何打破這個僵局。

　　這時麗麗開口了，而且略帶一絲羞澀：「唉呀，真的嗎？」

　　一方面，就像在場的其他人一樣，她不敢相信在這種場合居然有人說出這種話；另一方面，她臉上又透出一絲驚喜，彷彿這是她人生中第一次聽到一位男性直接對她的髮型發表評論。她期待著魁魁的回答。

　　「對啊，我覺得好特別！真好看！」魁魁真誠地點頭並回答道。聽到對方再一次的肯定，麗麗笑了，還笑出了聲音，笑得像個少女。

　　雖然在場的其他人還沒徹底反應過來，但也跟著笑了。麗麗隨後招呼我們坐下，準備開會。開會的過程中，麗麗簡直就像變了一個人，又或許，她根本沒有變，只是把本來包裹著的自己敞開了。會議的具體過程不再詳述，我只想說四個字：特別成功。我本以為，自己看到一位客戶就能大致判斷出這次會議的狀況，顯然這次失誤了，而魁魁

的一句「真情告白」扭轉了整個局面。

會後，我想弄清楚這是魁魁的社交技巧，還是完全發自內心的反應，於是問他：「你說那句話的時候是怎麼想的？」

「沒怎麼想啊！」魁魁說。

「麗麗本來是很嚴肅的，可是你一出現就評論人家的髮型，你不怕她不接受你這種調侃而冷場，或者在場的其他人覺得你這樣說不妥當嗎？」我繼續問道。

「嗯？沒有。我只是說出了我當時的想法而已，這也是我當時唯一的想法。」魁魁回答道。

在那一刻，我竟然有些慚愧，甚至想嘲笑自己。因為我發現在這個事件中，我和魁魁的關注點截然不同。我關注的是別人如何看待或評價自己，我把自我放了事件的中心。魁魁卻絲毫沒有考慮別人眼中的自己，只是專注於想說的話、想做的事。

這次經歷讓我意識到，當一個人拋開自我時，是多麼有力量。只可惜，這種以自我為中心的傾向，我們從未完全擺脫。

以自我為中心的傾向

當我們呱呱墜地時，便開始被父母無微不至地照料。一哭就得到滿足，伸手就得到一切，這讓我們覺得自己無所不能，覺得自己就是世界的中心。在兒童心理學家尚·皮亞傑的實驗中，他發現當四歲的小孩面對由三座不同的山峰組成的模型時，他們會認為山峰背面或側面的玩偶看到的景象和自己看到的是完全一樣的。[25]

難怪有一次我和女兒玩捉迷藏，她把腦袋朝向牆角，屁股朝外，

喊了一聲「我躲好了」之後就以為我看不到她了。而當玩具娃娃掉到地上時，小孩會覺得娃娃痛，也是同樣的道理。這些都是因為小孩認為其他人與自己有同樣的所見所感。

尚・皮亞傑的實驗中所用的「三座山峰模型」[26]

　　隨著慢慢長大，我們已經可以分辨上述那些簡單的場景。但對於更為複雜的情形，我們仍然傾向於把自己視為事件的中心，即自我中心主義。

　　你有沒有過這樣的經歷：因為今天的頭髮比較亂或者衣服上有污漬，所以覺得許多人都在看自己，或者說錯一句話便認為別人都會記住，實際情況有可能並不是我們想像的那樣。

　　康乃爾大學的湯瑪斯・吉洛維奇教授和他的研究夥伴做了一系列實驗來驗證這個現象，稱其為「聚光燈效應」，即我們總是認為自己是被聚光燈照亮的那一位，並被其他人注視。其中最著名的實驗是請

一些人穿上印有過氣歌手頭像的 T 恤，然後讓他們走進一個有許多人的房間。[27] 離開房間後，穿著 T 恤的受試者認為房間裡大概有五十％的人注意到了他們的 T 恤。但是，真實的調查結果是，只有二十％的人注意到了。後來，受試者的衣服換成了當紅歌手或政治家的頭像，例如雷鬼樂歌手巴布・馬利或馬丁・路德・金，他們代表著更加積極或流行的形象。結果仍然一樣，受試者遠遠高估了別人對自己的關注程度。

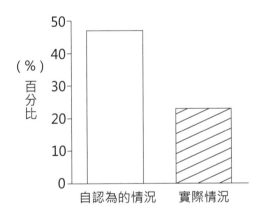

聚光燈效應——關注者人數

隨後，湯瑪斯教授對這個實驗進行了升級，在大學排球隊員中做了另一個實驗。在幾輪訓練過後，他讓隊員打分數。

一個是讓隊員猜測其他隊員幫自己打的分數。從負三到三代表從最不好到最好，如果認為和自己以往的平均水準相當，就是零分。

一個是按同樣規則為其他每一位隊員的實際表現打分數。這樣的

話，每個隊員都會收到其他人對自己的實際表現打的分數。

　　結果是，整體上，隊員自以為別人給自己的分數的絕對值，比別人真正給自己的分數的絕對值更大，也就是說，自己以為別人會打三分時，其實別人只打了一・五分，而自己以為別人會打負二分時，別人可能只打了負一或零分。人們自以為的分數範圍要大於實際分數範圍。這再一次證明了聚光燈效應——我們都以自我為中心，把別人對我們的印象放大了。[a]

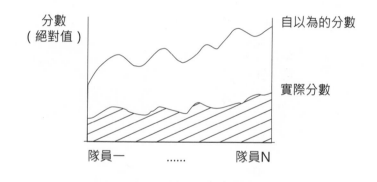

「自以為的分數」與「實際分數」

　　這和有趣有什麼關係呢？實際上，人們的自我中心傾向最凸顯的時候，正是其言行最偏離常規的時候。例如：穿帶有非常規圖案的 T 恤而不是普通白 T 恤時；在球隊打得特別好或者特別差，而不是不好不差時；到臺前發言而不是和其他人坐在臺下聽時。而偏離常規正是

---

a　也有少數相反的情況，例如自己以為是負一分別人卻打了二分。該情況不影響整體規律。

有趣所需要的。

因此，想要真正做到有趣，就要擺脫自我中心主義，因為它會在我們考慮做出一些言行時，偷偷把我們攔住。

三種決策邏輯

當我們面臨一些選擇時，往往會受到三種不同的決策邏輯的影響，儘管它們通常只是一閃而過。

一、結果邏輯

指我們會分析所做的不同決策會帶來怎樣不同的結果，並基於哪個決策會帶來最優結果進行選擇。

例如公司安排了一場晚會，讓你去當主持人，這裡的結果邏輯就是分析：

A. 如果去了，會帶來什麼樣的結果？（例如可以使能力得到鍛鍊，可以間接帶來晉升的機會）

B. 如果不去，又會帶來什麼樣的結果？（例如可以好好地欣賞晚會，或者當晚可以不去參加晚會，而去健身）

假設，最後你決定去，那是因為基於分析，你認為 A 的結果是最優的。

結果邏輯有一定的好處，例如提供了比較清晰的推理依據，可以幫助我們在決策時看到各種可能的後果，但它也有明顯的弊端：

1. 預測結果需要一定的邏輯推理能力，但並不是所有人都具備這個能力。

2. 我們對於結果的預測有局限性，現實世界往往比我們推理的要複雜得多。在上面的例子中，去或不去晚會只會帶來兩種結果嗎？不一定。因為說不定沒有參加晚會而去健身的話，你會遇到一個志向相投的人，最終兩人一起創業，找到了自己更喜歡的方向；或者去參加了晚會，但由於你沒有充分準備，表現糟糕，影響了自己在公司的自信。這裡出現了第三種和第四種結果，有太多事情是我們無法預測的。

3. 如果我們用辯證的思維來看，結果邏輯是「因為結果最優，所以我去做」。但反過來是不是也成立呢？「因為我去做了，所以成功

了」也是可以成立的。對於一個決策，哪怕基於分析它不是最優的，但是我們如何執行，如何調整自己，如何調用資源等都會在很大程度上影響結果。因此，遵循結果邏輯，我們可能會忽略過程對於結果的影響。

4. 結果邏輯會給我們一萬個不去行動的理由。畢竟，事情總有引發一些負面結果的可能性。假使只盯著這些負面結果，那麼我們可能會否決掉所有的決策。

因此，結果邏輯比較適合過程與結果之間的關聯較清晰且結果是單一層面的簡單場景，例如主要參考財務投資報酬率這個結果。

二、自我邏輯

對應前面講到的自我中心傾向，自我邏輯是指我們做決策並不是基於對客觀結果的預測，而是基於別人如何看待我們。比如：我這麼做別人會怎麼看、他們會不會覺得我這樣不好，如果我出醜了怎麼辦等。

自我邏輯無疑會讓我們把注意力聚焦在我們在別人眼裡的樣子，而不是事情本身。它給了我們一個假象，會阻礙我們向前邁進，或影響我們的發揮。

三、恰當性邏輯 [28]

這裡強調的不是結果，也不是別人如何看待自己，而是應該採取的行為。恰當性邏輯是指我們從事件中跳脫出來後去思考：在同樣的情況下，和我身分類似的別人通常會怎麼做。這裡的別人可以是我們

崇拜的人，可以是我們的師長，也可以是普遍意義上的其他人，但絕對不是自己。

恰當性邏輯可以引導我們把自我從思緒中扔掉，更專注在事情本身，即事情怎麼做是恰當的，並幫我們擺脫結果或別人的眼光對我們的束縛，遵循作為人的本能動機。

在「麗麗她笑了」的故事中，魁魁不一定有刻意思考什麼是恰當性邏輯，但他關注的一定不是結果，也不是自我，而只是把那一刻自己想說的說了出來。

當我們產生一些新奇的想法，或在猶豫要不要做一些不合主流的事情時，往往就是有趣的萌芽之際。同時，也是自我中心主義伸出魔爪，虛幻的聚光燈緩緩移到我們頭頂上的時候。這時，我們可以提醒自己：「嘿，夥伴，別人的注意力並不在你身上！」與此同時，我們還可以透過恰當性邏輯來調整自己關注的焦點。

お

在我發布影片作品的幾個月後，有一天，湖南衛視聯絡我，邀請我去參加他們的綜藝節目——《叮咚上線！請回答》，希望我可以用有趣的方式講溝通知識。

那一期節目是由微表情心理學專家紀宇老師和我一起錄製的。節目中，我們倆代表兩種不同的觀點。他的觀點是：「觀色」比較重要，即看別人的眼色行事；我的觀點是：「察言」比較重要，即能夠聽懂別人的話中話。雖然這個節目不是競賽或挑戰的性質，但顯然我們倆

持有的是完全不同的觀點，因此有一種微妙的對抗關係存在。

　　紀老師第一個上場演講，他在講話的同時，也在透過觀察臺下觀眾的表情，猜他們的所思所想。例如他問了主持人靳夢佳一個問題，當對方正在猶豫時，他立刻說道：「我來告訴你，你在想什麼：你張大嘴巴持續了〇‧三秒，你還在快速眨眼，一秒鐘眨了三次。也就是說，這個問題實際上對你來說非常有壓力。你臉上的每一個表情都逃不過我的眼睛。」觀眾也覺得他這種透過表情猜心理活動的方式非常好玩。

　　而在上臺開講前，我其實已經想好了一段開場白，並且心裡也很有把握。但當紀老師演講時，我腦子裡突然閃出一個想法：要不要推翻自己的開場白，換成紀老師那種觀察表情的方式，反過來調侃一下紀老師？要不要用這樣有趣，同時也是一種友好的方式來調動一下氣氛？不過，此刻又有另外一個聲音對我說：導演和觀眾會不會不接受這種方式，效果不好怎麼辦？不然我還是別瞎改了。節目的錄影方式是一鏡到底。當我腦海中閃過這兩個相反的想法時，離上場已經不到五分鐘了。沒時間猶豫了，改！

　　我上臺後，先問了紀老師一個問題：「紀老師，你能透過『觀色』，看出我現在內心有一團火嗎？」（這個問題是什麼其實並不重要）

　　在他猶豫時，我立刻用和他剛才一模一樣的方式說道：「大家看他的微表情，嘴微張〇‧八五一四二秒，眼睛一秒鐘眨了五次！透過微表情，這表示他覺得這個問題好難！」（以表明「觀色」其實並不奏效）

　　這時候，全場已經沸騰。臺下的主持人、嘉賓、觀眾都歡呼了起

來，他們沒想到，表情觀察員居然被觀察了表情。這對於大家來講，完全是個意外。我緊接著表達了觀點：「所以我的觀點是『察言』比較重要」，並繼續講完了剩餘的內容。錄影結束後當我下臺時，導演衝過來對我說的第一句話便是：「開場的效果太棒了！」

我想說的並不是那次錄影有多麼成功，況且當時的舞臺對於我來講很生疏，我也沒有掌握在綜藝節目中的表現技巧。然而，那個錄影過程告訴我的比技巧更重要：我在上臺前所猶豫的正是結果如何，或者別人會如何看我。如果在那一刻，我沒有按照本能反應換個方式開場，而是出於對結果和自我的過度關注，抱著原先的臺詞不放，我就會錯失一次出其不意的開場。正是由於我在恰當性邏輯下的反應得到了導演、觀眾的正向回饋，進一步打開了自己，因此下次再遇到類似事情的時候，我能更加從容地調整自己，更加有自信地專注在所做的事情本身。

2. 切換身分

我們每個人都有多重身分。

比如：一個人既是公司的員工，也可能是某些員工的主管，既是父母的孩子，也可能是孩子的父母，還有可能是國家公民、專家、才藝表演者、網路新聞評論員、廚師等。

想要變得有趣，我們需要能夠基於所處的不同場景，例如公司會議室、酒吧、朋友的婚禮、兒童遊樂場等，靈活地在不同的身分之間切換，而不是讓單一的身分禁錮我們。因為，就像在上一個 Part 說的那樣，身分會操控我們做一件事情的意願、心態以及行為。

想要切換身分，我們可以參考的最典型例子就是演員。因為演員需要在不同的劇情中，基於他們的角色，自然地展現出不同的狀態及行為。只不過，我們切換身分需要的不僅僅是演，還要真正進入那個身分或角色應該具備的狀態。

《演員的自我修養》的作者、俄國導演及戲劇教育家史坦尼斯拉夫斯基提出，表演大致分為兩種。

第一種是表層演出，指演員動動眉毛，眨眨眼睛，說出動人的臺詞，做出擁抱的動作，這僅僅停留在外在層面的狀態。例如當演員 A 扮演一位被幫助的人時，在戲中他努力地擠出微笑，並和另一位演員 B 說：「真的很感激你這次的幫助」，但是演員 A 的心裡沒有任何感激的情緒，他在想：「我其實不喜歡和你一起演戲。」這就是表層演出。在這種狀態下我們無法調動自己真正的全部情緒，同時在場的人也能感受到。

第二種是深層演出，是指演員真正進入角色的內在狀態，即演員就是角色本身。他們不再是僅僅使用表情或者語言，而是作為當事人，由內在狀態呈現出一舉一動，這已經不是「演」，史坦尼斯拉夫斯基稱之為「住進角色」。

為了進入角色，達到深層演出，演員西亞・李畢福在關於第二次世界大戰的電影《怒火特攻隊》開拍前，加入了美國國民警衛隊，作為上尉的助理參與了實際工作，包括在某作戰基地 b 待了一個月。不僅如此，由於在電影中他的角色在戰場上會受傷，化妝師計畫在他臉上

---

b 指爲前線提供物資、通訊、醫療等支援的根據地。

畫出傷疤並且仿造一顆牙齒掉落的樣子，但他拒絕了，他親自用刀在臉上劃出一道傷口，並讓牙醫拔掉了自己的一顆牙齒。他認為只有這樣才能夠真正進入角色。而丹尼爾‧戴－路易斯在《我的左腳》中扮演一位腦性麻痺患者時，從未離開過作為道具的輪椅，就像該角色應有的生活一樣整天躺在上面，並且每天讓工作人員用湯匙餵他吃飯。

　　儘管我們在日常生活中不需要演戲，但也同樣需要遵循「深層演出」的原則。只有真正深入角色，我們才能擺脫信念、價值觀上的束縛，做到自然、灑脫，展現出那個角色有趣的一面。那麼具體來說，有哪些切換身分的方式呢？我認為有三種。

水平切換

　　水平切換是指在完全不同類型的身分中切換。還記得 Part 4 我那個尷尬的故事嗎？我在總裁班「裝」了一天的老教授風格之後，突然被學員要求進行幽默表演。我在舉棋不定時，仍舊把自己封鎖在傳統觀念的老師身分中──老師怎麼可以在學生面前進行幽默表演呢？

　　而當我開始水平切換自己的身分，決定拋開「老師」這個身分，真正進入另外一個身分──晚宴上大家的一個朋友時，我發現原先的那些顧慮沒有了，先前的聲音──「進行幽默表演的老師夠不夠專業」也全然消失。因為作為朋友，我並不需要足夠專業。

　　隨後，我就像在我的影片中表現的那樣，放開了自己，為大家表演了一段。那些學員也像對待朋友一樣歡呼、起鬨，甚至「取笑」我。和我先前所擔心的形成鮮明反差的是，在我以新的身分亮相之後，學員和我的關係明顯更近了一步，而且第二天的課程氛圍和第一天完全不同，能看得出他們更加放鬆了。而他們的這種狀態，也反過來感染了我。

　　正是從老師到朋友身分的水平切換，讓我在左顧右盼之後終於可以擺脫顧慮，展現出了更加適合當下場合的一面，也展現出了大家應該認為是有趣的一面。

　　要做到角色切換，需要兩個步驟。

一、識別舞臺

這裡的舞臺是指場合，我們需要從當下的舞臺中抽離出來，站在舞臺的上空，然後問自己：這到底是什麼舞臺？這個舞臺有什麼特色？比如在剛才的例子中，我發現那個舞臺並不是屬於老師和學生的講堂，而是一個人們希望得到放鬆、歡笑的晚宴。在其他情形中，你也可能發現自己從會議室這個舞臺轉移到了夜店，從談判桌的舞臺轉移到了家庭聚餐，從養雞場轉移到了家長會，從財務辦公室轉移到了演講臺，或者從化學實驗室轉移到了野外生存培訓班。

二、確認角色

基於所識別的舞臺，問自己：這個舞臺需要的是什麼角色或身分？（而不是我本身是什麼角色）這個角色需要有什麼特質？這和我在上一個舞臺的角色有何不同？

在上述晚宴的場景中我意識到，在學員開始起鬨時，他們需要的並不是老師這個角色，而是一個可以和他們打成一片的朋友。同樣的道理，如果是在夜店，需要的不是會議室主持人，而是忘我的舞者；如果是在演講臺，需要的是一個真誠的分享者；如果是在培訓班，需要的則是能夠把自己歸零，擁抱新知識的學生。

水平切換的過程就好像一隻橫移的小螃蟹從一個舞臺跨到了另一個舞臺，只不過在它跨過去之後，已經換了一個身分，「彼蟹不知何處去，此蟹嫣然笑春風」。

向下切換

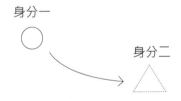

我們再來舉兩個例子。

公司在年底安排了一次團隊建設活動，地點選在海邊。大家吹著海風，有人在談笑風生，也有人在隨著音樂舞動身姿，這時候有一位公司的高階主管並沒有加入人群與大家互動，而是保持著往常的姿態

講話。另外一位高階主管則變身普通員工，忘我地進入舞池，和大家一起跳起舞來。你會覺得哪位高階主管比較有趣呢？很顯然，是第二位。

　　再比如，在一次有許多小朋友和爸爸媽媽共同參加的家庭活動中，一位是插著腰看小朋友玩耍的爸爸，另一位是和小朋友嬉戲打鬧在一起的淘氣老爸。哪位爸爸比較有趣，答案不言而喻。「跳舞高階主管」和「淘氣老爸」都對自己的身分進行了向下切換。向下切換身分給了人物更多立體感，就好像本來是單層煎餅，瞬間變成了千層榴槤蛋糕。在 Part 2「廚房沙拉決鬥」的故事中，餐飲經理湯姆捲起袖子和廚師一決高下，他所做的也是向下切換。

當然，人不分高低貴賤，這裡的向下並不是指人的等級，而是在職場、家庭或社會等特定範疇下，在已有的約定俗成的層級上，如上述例子中的職位、輩分等，從上往下切換，就像溜滑梯一樣，「嗖」的一下滑下來。

因此，如果你是一位部門經理，可以適時切換到普通職員的角色；如果你是步入職場八年的老員工，可以嘗試切換為大學生的角色；如果你是一位專家，可以切換為一個請教者；如果你是森林之王大老虎，偶爾可以切換為一隻小松鼠。從時間的角度來看，「下」往往代表了我們曾走過的路和我們曾經扮演過的角色。因此，敢於向下切換不僅是一種樂於把自己放低的態度，也是一種願意擁抱過去的胸懷。

向上切換

你有沒有過自己想做或者被要求做一件事，但覺得自己不夠格，或者不配的時候。例如：

「這種場合，我這種小人物不適合發言吧！」

「我條件這麼差，根本不配跟他告白。」

「我身材不夠好，不能上臺。」

這些都是關於向上的資格感。一個人的資格感受若干因素影響，例如過往的客觀環境因素（出生地比較貧窮）、家庭因素（父母缺乏資格感，影響了孩子）、被貼標籤（父母在孩子小的時候說「這孩子就是嘴笨」）、文化觀念因素（「上梁不正下梁歪」）等。不論是什麼原因，這都是我們的一種主觀意象。當缺乏資格感時，我們就會很難做出行動。

　　這時候我們需要向上切換，這裡的「上」便是我們認為有資格做出相關行動的身分。當切換身分時，我們需要問自己：如果我是他，此刻會怎麼做？會是什麼樣的狀態？比如，當上臺發言時，如果一個人覺得自己是新人有些不好意思，那麼可以把自己切換到公司主管的身分，有了這樣的設定，自己便會更加自信，發言也會更灑脫。再或者，當一個初入行的喜劇演員上臺表演時，如果他認為自己資歷不夠，不配獲得掌聲，那麼這無疑會限制他的表演。倘若他把自己想像為功成名就的演員，這反而會讓他的表演更加自如。

　　向上切換身分並不是假裝，也不是癡心妄想，而是一種狀態的代入。就像「深層演出」的演員一樣，他們不是那個人，卻勝似那個人，這種角色的代入最終能帶來更加有感染力的表現。

小練習

想像一個自己感到尷尬或者不好意思展現自己的場景。

- -

- -

自己當時默認的身分是什麼？

- -

- -

當時還有什麼其他身分或角色可以切換？

- -

- -

> 如果你切換到其他身分，會有什麼樣不同的狀態或做法？
>
> --
>
> --
>
> --

3. 放大缺點

「完美」聽起來總是美好的，而苛求完美往往會扼殺美好。

世界上追求完美的人越來越多。在一項跨越二十七年（一九八九～二〇一六年）的研究中[29]，心理學家及社會學家讓人們填寫了一份「多向度完美主義量表」，這個量表包含四十五個問題，例如：「做到完美對我來說極其重要」、「如果一件事情沒有做到完美，我很難放鬆下來」等。填寫者選擇他們同意的程度（一～七分），最終得出完美主義係數。研究資料顯示，同意以上論述的人，即完美主義者的人數在持續攀升。

究其原因，一方面在於全球的資訊流通越來越發達，這讓我們看到了更多在不同領域做得比我們好的人，看到了更多的可能性、更高的目標等，例如我們看到了在社交媒體上有人過著看起來很美好的生活，瞭解到世界頂尖大學的入學門檻等，然而這些又間接地提高了我們身邊的人（如父母）對我們的期待；另一方面在於人才競爭的加劇，例如企業有著更加廣泛的管道來吸引或尋找人才，就好比原先是鎮上的五個年輕人競爭一份工作，但現在一個崗位的招聘廣告在幾秒鐘內被上萬人看到。

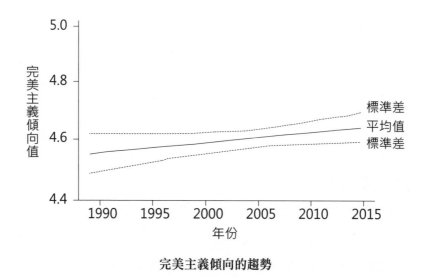

完美主義傾向的趨勢

　　我自己曾經也是個完美主義者，工作中的一個小瑕疵就會讓我懊悔不已，別人的一個負面評價也會讓我久久無法釋懷。有一次，一位主管嚴厲地批評了我在一個專案上考慮不周的地方，並指出了我身上的一些缺點。儘管他說得合情合理，但這對追求完美的我來講簡直無法接受。我的腦子裡不斷閃過：「我怎麼可以有這麼多缺點。」

　　在這樣的打擊下，我當時覺得在這個專案中乃至公司裡，都不應該有我的位置。我已經記不清自己當時是怎麼走到辦公大樓的廁所，關上門，坐在馬桶上，戴上耳機，把音樂開到最大聲來麻醉自己，以至於我現在聽到那首音樂都有想上廁所的感覺。

　　後來我慢慢發現，追求完美，至少對我們大部分普通人來講，是一種不切實際的虛榮，甚至是一種無知。完美主義就像若干層膠帶一樣，緊緊地纏繞著我們，讓我們瞻前顧後，畏手畏腳。而有趣的行為

方式，需要打破完美主義對我們的束縛。

有趣需要的不是完美，更準確地說，有趣需要不完美。

不完美與吸引力

人們總是喜歡完美的人嗎？一個由心理學家精心設計的實驗給出了答案。[30]

幾十位參與者被要求聽四段錄音，這四段錄音分別是四位即將參加大學智力競賽的選手在面試時的場景（採取聽錄音的方式而不是觀看影片的方式是為了去除外貌的影響）。聽完錄音後，參與者需要幫這四位選手打分數。這個實驗的設計者刻意讓選手在兩個方面表現出不同。

1. 個人能力：透過問這四位選手五十個有難度的問題，觀察他們能答對多少，答對得越多，自然顯得能力越強。

2. 是否會出醜：面試結束時，有些選手會不小心打翻咖啡杯從而灑自己一身，當然這是提前設計好的；錄音中也會出現面試者慌張地挪椅子、苦惱地抱怨自己等聲音，比如「啊！糟糕，這太愚蠢了。」

這樣一來，四段錄音就會體現出四種不同的選手類型。

1. 完美者：答對了大部分問題，且面試全程無過失。

2. 能力優秀的不完美者：答對了大部分問題，但面試結束時出醜了，咖啡灑到身上。

3. 平庸者：僅答對少部分問題，但面試全程無過失。

4. 有過失的平庸者：僅答對少部分問題，面試結束時同樣出醜了。

聽完錄音之後，參與者基於一系列問題幫這四段錄音中的選手

的「吸引力」打分數，共八個問題，滿分為五十六分。結果令人吃驚：大家認為最有吸引力的人並不是第一種完美者（吸引力平均分為二十‧八分），而是第二種，即能力優秀的不完美者（平均分為三十‧二分）。

　　優秀的能力能讓一個人產生吸引力這並不奇怪，但是加上一點點過失或缺陷的話，這些不完美因素不但沒有降低其吸引力，反而增強了吸引力。這種現象被稱為「出醜效應」。為什麼出醜這種不完美因素會增加一個人的吸引力呢？那是因為不完美會讓我們看到一個人更真實、更普通的一面，也會讓我們覺得那個人和自己更相像，同時還給了我們一種鼓勵——接受自己身上的不完美。

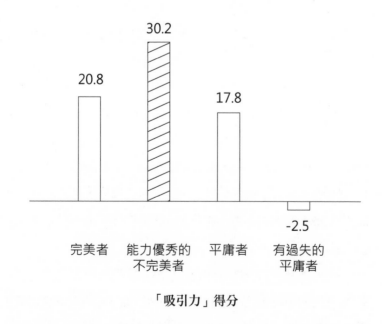

「吸引力」得分

　　我記得在我當講師的第一年，每次開始上課前，主辦單位都會先向現場的學員介紹一下我，條列一堆聽起來很光鮮的履歷，我聽著一邊臉紅，一邊內心美滋滋的。有時，我在做自我介紹時也會嘗試只把那些成功和優秀的相關經歷告訴學員。

　　但後來我發現，這帶來的僅僅是幾秒鐘的虛榮感，對於真正拉近與學員之間的關係並沒有什麼幫助，況且得到學員認可憑的是講課品質，而不是自我介紹。後來我逐漸調整了自我介紹的方式，不再虛榮地佯裝完美，而是更多地分享我的一些糗事。我發現這樣的開場白反而會引得大家發笑，同時學員與我也更親近了。

　　當然，承認自己的缺點其實非常難，對此我深有感觸。但我們需要知道我們自己如何看待自己的缺點，和別人如何看待我們的缺點，二者其實並不一致，這叫作「美麗的混亂」效應。

「美麗的混亂」效應

　　什麼是混亂？就是我們對自己身上的缺點的認知，與其他人對我們的缺點的認知之間有著顯著的差距，所以產生混亂。為什麼混亂又是美麗的呢？因為其他人對我們的缺點的認知更為正面，所以混亂是美麗的。

　　來自德國的社會心理學研究員安娜·布魯克和她的同事為了驗證混亂的存在，以及混亂中是否存在美麗效應，做了一系列研究。[31]

　　他們首先設置了若干個會讓一個人暴露缺點的場景。

　　場景一：一個人和一群朋友一起去泳池游泳，但這個人對自己的身材非常不滿意。

　　場景二：在工作中，自己犯了一個錯誤，然而老闆不知情，需要向老闆承認這個過失。

　　面對這兩個場景，研究者會讓一些人把自己想像成當事人，即在上述場景中會暴露缺點的那個人；另外一些人則想像自己是旁觀者。

　　場景三：讓一些參與者選一首歌曲，讓他們對歌曲進行創意改編並當眾演唱（這次不是想像而是真實的任務），這對大部分人來講都很難做好，所以意味著他們會暴露一些不完美。這些人等同於場景一、二中的當事人。同時還有一些人被告知他們會成為評估者，即旁觀者。

　　在上述場景中，為了驗證是否有混亂以及混亂是否美麗，研究員讓參與者填寫了兩份問卷：

　　對於所有場景中的當事人，他們需要回答一系列問題——關於自己如何看待暴露缺點這件事，並選擇同意的程度（一～七，一代表最不同意，七代表最同意）。對於正面的問題，例如「暴露缺點代表我有勇氣」，一和七分別代表對這件事最不積極和最積極的評估；對於負面的描述，例如「暴露缺點表示我很脆弱」，最終的評估是相反的，即如果選擇一（最不同意）在結果中會被轉換成七（最積極）。同理，如果選擇七（最同意）會被轉化為一（最不積極）。

　　對於以上場景中的旁觀者，他們需要回答和當事人一模一樣的問題，只不過換成了第三人稱視角，如「暴露缺點，代表他有勇氣」，這樣確保當事人可以看到他人在同樣的維度上如何評價自己的缺點。

　　根據調研結果，研究者既發現了混亂，也看到了美麗。在這三個場景中，針對當事人所展現出來的缺點，旁觀者對當事人的評估比當事人自己的評估更加積極，即當我們自己認為某個缺點很嚴重且比較

負面時，別人並不這麼認為。在這三個場景中，當事人對自身缺點的積極性評估平均分值是四・二、四・六、四・二，旁觀者的打分則是五・一、五・一、四・九。

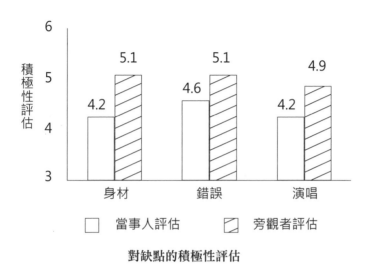

對缺點的積極性評估

我們可以看到，一方面我們喜歡看到別人真實的一面，另一方面我們又害怕被別人看到我們自己的缺點。但實際上，我們可以告訴自己，不完美是美麗且積極的。認識到這個事實後，我們便可以朝有趣再進一步。當我們認識到暴露缺點其實並沒有想像的那麼糟後，甚至可以嘗試將缺點「放大」。

敢於放大的勇氣

這裡的「放大」不是指發揚光大，而是敢於主動地把「缺點」暴露出來。

　　在 Part 1 的故事中，微微其實就是放大了自己的（大眾眼中的）缺點。本來主管和司機在爭執座位沒有坐滿時要不要發車這個問題，微微卻主動拿自己的身材開玩笑來化解爭執：「我這個體型，夠不夠當兩個人？」

　　這個所謂的缺點，在其他人那裡可能會被藏起來，放到她這裡已經成為一個金光閃閃的「武器」。我曾經問她，這只是她的一個幽默技巧，還是她已經全然接納了自己這個特色，她說她認為這就是自己，獨一無二的自己。

　　凱文・哈特是一位曾獲得多項大獎並登上過《時代》雜誌的喜劇演員。我記得在一次演講中，身高一百六十三公分的他走上舞臺，舞臺中央有一個立式支架和被高高架起的麥克風，他走上臺的第一個動作便是刻意用看似很費力的動作把麥克風的位置調低，然後調侃道：「我知道你們在整我！」於是觀眾瞬間被逗樂。

　　這裡他把自己身高的特色放大了，主動拿出來讓大家看到，讓大家笑出來，這時候大家在意的已經不是他的身高，而是他對自己的「缺點」竟然可以如此坦然。試想如果他讓工作人員提前悄悄把麥克風調低，然後再上臺，就錯過了這樣一個有趣開場的機會。

　　我曾去過一家非常可愛的書店，它放大的不是人的缺點，而是書的缺點。這家書店辦了一個書展，書展的主題寫在一塊小小的牌子上：

未出售圖書展

一直不惹人注意，但我也是一本好書

　　原來是一直未賣出的書集體亮相了。在牌子的周圍，擺著許多本書，每一本書的下面，都有一張手寫的小紙條，上面寫著諸如「已有八百多天未出售」或「已有六百多天未出售」。路過的人們都忍不住地拿起並翻開那些書，因為太有趣了！一般的書展都會極力推薦一本書有多麼多麼好，這次書展卻把自己賣不出去的糟糕業績赤裸裸地展示給大家，這讓大家不由自主地覺得它很可愛。

　　為什麼放大缺點會讓我們覺得那麼有趣呢？因為它讓我們看到了一個人對自己徹徹底底的接納，只有接納了，才可以把缺點當作一個皮球，任意「玩弄」。**這種對缺點的接納，表現了一種讓我們羨慕的狀態與勇氣。**

　　當然，無論是認知到缺點並非像我們想的那般負面，還是敢於放大缺點，這些都不是最終的目的，真正的目的是在我們的內心層面，讓缺點可以與我們共存，成為自身的一部分。缺點是有趣的基石，而不是絆腳石。

4. 喚醒童真

　　「豆豆先生」是一個僅僅透過十五集短片，就傳播到了兩百多個國家，播放量超過百億次並在社交媒體上吸引了上億人關注的人物，他在短片裡有趣的表演收穫了不同文化環境下各個年齡層的人的喜愛。當其扮演者羅溫・艾金森在一次訪談中被問起為什麼「豆豆先生」這個角色會讓大家覺得如此有趣時，他的回答很簡單：「只不過是把一個九歲的孩子裝進了成人的身體裡。」

　　聽到這句話我恍然大悟。我們居然被他騙了，表面上看他是個大

人，但讓我們開懷大笑的，是藏在表面之下的那些小孩子才有的舉動：在餐廳，把自己不喜歡吃的食物偷偷藏進隔壁桌女士的手提包裡；在牙科診所，趁醫生不注意玩吸唾管，看能不能把醫生的咖啡吸進去；家裡來客人時發現沒有酒了，就自作聰明地在香醋中加一些白糖給客人喝。

那麼為什麼我們喜歡看他表演，而且還會笑呢？那是因為我們心裡也藏有一個小孩子，我們也曾有過類似的想法，比如把不喜歡吃的東西藏起來。只不過在我們長大後，當這種想法再次冒出來時，我們把它壓下去了。而當我們再次看到有人真的那麼做了的時候，感受到了一種久違的釋放。

回看那些有趣的人，他們往往都有一份童真。

如果一個人說死後想把骨灰包起來送給別人，讓他們拿回去種花，我們可能不會覺得這是一個成年人的想法。而提出這個想法的人是畫家黃永玉。

崔弗深夜不敢上廁所，大聲說俄式英語給自己壯膽並稱自己是大男孩，也像是一個小孩子做的事。

把專業的航線代碼換成動畫形象的名字「米奇」，是不是也像是孩子的做法？

當然，童真並不只是惡作劇或搗亂，它有很多珍貴的特質，例如想像力、愛笑、無畏等。更重要的是，童真並不是一種需要習得的能力，而是我們每個人天生就有的東西，它從未消失，只不過被我們藏在了身體裡的某個角落。想要變得有趣，我們只需將它喚醒。

那麼喚醒童真意味著什麼呢？

純粹的當下

小孩子關注的和想要的往往都非常純粹、單一,這也是為什麼他們有時看起來很樂觀、很無畏或很專注。

比如,當屋頂漏雨時,大人會擔心:漏下來的水如何清理,屋頂修補起來很麻煩,天花板發黴怎麼辦;而小孩可能會高興地說:「在家也能看到雨滴囉!」因為小孩的世界很純粹,當下只有雨滴。假設我們去參加跑步比賽,大人會想今天能不能跑完、腿抽筋了怎麼辦、中途會不會有水之類的問題;而小孩可能只會關注自己的粉紅色手環好不好看。

能夠在當下保持純粹與簡單,是童真讓我們覺得寶貴的原因之一。隨著越來越多的經歷帶來的負擔和壓力把我們的世界填充得越來越滿,那份美好與樂趣的空間也被擠壓得越來越小,以至於我們幾乎忘卻了雨滴和粉紅色手環也是美好的。而童真就像一個小鈴鐺,「叮鈴鈴」把我們叫醒,並提醒我們去關注那些純粹的美好。

少一層濾紙

成年人在做事和說話時總是會有很多顧慮,這些顧慮就像一層層的濾紙一樣,把那些好玩的、淳樸的想法一一過濾掉了。

記得我在泰國讀書時,在某門課程的最後一節課上,老師需要每位同學上臺呈現自己編寫的一個電腦程式,同時老師也會在臺下觀看,這類似答辯。每位同學講完後,老師都會讓其餘的人來提問,看該同學能否解答清楚。我其實有些擔心提問環節,因為我完全不知道其他同學會問什麼稀奇古怪的問題。前面每位上臺的人都按照要求,一一

解答了同學提出的問題，答辯按部就班地進行著。

　　輪到一位泰國女同學時，老師照例問道：「臺下同學有問題嗎？」

　　沒想到這位女同學立刻說道：「沒有，沒有，我知道你們肯定沒有問題！」

　　全場所有人，包括老師，都被她這句話逗樂了。

　　是因為她太笨了所以不敢回答問題嗎？當然不是。我相信在場的許多人包括我自己都不喜歡被提問，都希望其他人沒有問題。只不過，我們沒有說出來，而是把這個想法過濾掉了。在潛意識裡我們認為這個想法太幼稚，成年人怎麼能這樣呢？這位女同學則扔掉了那層濾紙，直接表露了她內心最真實的感受，所以讓大家覺得她如此有趣。

　　當我們腦海中出現一個奇怪的點子，或是想表達一種期望，又或是想做出一些離奇的舉動時，那層濾紙就會出現，我們便開始懷疑那個點子是不是太愚蠢，那樣表達到底適不適當，那個舉動會不會太可笑。就這樣，本可以很有趣的東西就被擋住了。

　　而喚醒童真，需要去掉那層濾紙。

保持好奇

　　我很贊同諾貝爾文學獎得主喬賽 • 薩拉馬戈說過的一句話：「當好奇心消失時，我們開始變老。」[c]

　　小孩子總是對他們看到的各種事物充滿好奇。而正是這份好奇，驅動著人們去開拓那些作為樹幹的認知，由此產生新奇的、有創意的

---

c　原文：Age starts where curiosity ends.

想法。正是好奇讓卓別林留意到喝湯先生的鬍子，讓崔弗去品味俄式英語的獨特風格，讓理察對水龍頭的水流下來時變得越來越細感到好奇。儘管理察自己承認「它（水流變細的原因）對未來的科學可能並不重要」，但他還是忍不住一探究竟，這就是好奇的力量，這也是他可以把肥皂泡泡、蜂鳥、空中飛舞的盤子等這些生活中的點點滴滴都融入他的量子力學物理課，讓他的授課變得有趣的一個原因。

我曾經參加過一門叫作「自然體驗師」的課程。課程內容是學習如何透過與大自然進行親密接觸來療癒內心。該課程包含一些活動，比如：閉著眼睛去觸摸並感受樹皮的紋理，趴在地上用放大鏡去觀察不同的草的葉脈紋路，或是聆聽山林裡到底有哪十種聲音等。在那幾天裡，幾乎每個大人都像小孩子一樣，被那些小花、小草、小樹、小鳥、小水滴、小石頭吸引，觀察、感受並記錄它們。當時我不禁感嘆，這些本來是自小就觸手可及的東西，可自己幾十年都不曾仔細感受過。當帶著好奇去仔細感受它們時，我們就會發現世界竟是如此豐富又深邃。

在好奇面前，世界應該每天都是新的。要喚醒好奇，我們需要在每天睜開眼睛時把大腦中的認知歸零，就像換了一副眼鏡一樣去重新認識所遇到的一切。如果歸零太難，那麼至少也要歸到〇·一四一五九二六，因為剩下的〇·八五八四〇七四，才是可以帶來有趣的東西。

調動頑皮

頑皮也是值得喚醒的特質嗎？那不就是淘氣嗎？其實頑皮可以帶

來力量，並且是很特殊的一種力量。

　　被譽為「現代催眠之父」的心理治療師彌爾頓·艾瑞克森曾經提到人有三大原始能量，前兩個都很好理解：勇敢、溫柔。比如，當我們希望一個人把蘋果分我們一半時，勇敢這個原始能量會讓我們敢於提出這個要求。但如果只是勇敢地說：「把蘋果給我！」就會比較生硬。而溫柔這個原始能量會讓我們比較委婉、有分寸，說出來的感覺就像「可不可以把蘋果分我一半呢？謝謝」。

　　他提到的第三個能量是頑皮。頑皮和前兩個能量不太一樣，如果說勇敢像石頭，溫柔像水，那麼頑皮像個乒乓球。它會讓我們說出：「媽媽說，有好東西不分享的人就是大壞蛋，你想當大壞蛋嗎？」

　　體會到區別了嗎？頑皮這個乒乓球會在「乒乒乓乓」的跳動中敲打到對方，但並不嚴肅，也不用力，而是讓對方感受到一種善意的「調戲」。這也是為什麼當「頑皮」這個乒乓球出現時，人們不會抵抗也不會繃緊神經。

　　（關於我們在做事過程中如何讓頑皮帶來有趣，我將在 Part 8 展開。）

∞

　　內在系統包含四個方面：放下自我，切換身分，放大缺點，喚醒童真。其實這些都是關於自我，只不過是角度不同。放下自我是讓自己不受外界目光的影響，專注我們應該做的事情；切換身分是讓自己在不同的場景下，可以自如地展現出不同的角色，呈現出不同的狀態；放大缺點是接納我們身上的每一個部分，讓不完美成為我們有趣的夥伴；喚醒童真是找回生命中那種從未消失但又美好的孩童狀態。當然，它們之間也會相互促進，例如：童真可以讓我們放下自我，切換身分可以讓我們在某些場合下忽略缺點，放下自我可以幫助我們敢於放大缺點。歸根到底，這些都是在讓我們做更真實、更完整的自己。

　　當然，這裡的四個方面還不是幫助我們變有趣的具體操作方法，它們僅作用於心靈層面。但作為樹根，它們穩固了，自然能夠生長出有趣的言行。那麼讓我們將視線轉移到樹幹——從認知角度去探尋如何變有趣。

Part 6
密碼二：認知

　　本書的前兩個 Part 提到，當人們體驗到有趣時，得到的往往是一種積極的觸動或思想的延伸。這就意味著不管以什麼樣的方式呈現，在認知層面，有趣的人至少會有一些超出我們已有認知的東西，無論是一抹鬍子，還是無厘頭的畫名。否則，我們不可能被觸動或被啟發。

　　有趣的人的認知，要嘛比其他人更廣，瞭解其他人從未聽聞的「新大陸」；要嘛比其他人更深，察覺到其他人沒有留意的細節；要嘛針對同一個事物，他們看到了不一樣的一面。例如：崔弗至少在認知上認為俄式英語是驃悍的；航空管理局的南茜和她的同事，至少看到了奧蘭多和「米奇」代碼之間的關係；哪怕一個人講笑話把我們逗樂，至少人家還知道一個我們沒聽過的笑話。

　　當然，認知遠不僅是笑話。認知這個「樹幹」可以輸送整個世界乃至宇宙中所有有形的、無形的事物，比如一個概念、一個現象、一張照片、一個故事、一棵小草，又或是海底的一個未解之謎。它們就像是百味佐料，等待被我們加工成一道風味獨特的菜餚。當然，就像單獨的一味佐料，例如花椒，並不會帶來美味，單一的某個認知也不一定直接帶來有趣。但各種認知的疊加、組合，可以帶來有趣。

1. 拓展廣度

　　拓展認知廣度，可能是實現前文提到的超出人們已有認知、最為直接的方式。就像在水平方向上進行「一加一加一加一……」計算，在已知的事物上做加法，一旦某個「加一」是人們不熟知的，那麼這就可能成為一味有趣的佐料。

　　我在英國讀書時，學生經常會在午休時間拿著三明治和咖啡，

三五成群地坐在草坪上閒聊。我們那一屆的學生來自七十九個不同的國家，可想而知，大家的英語口音是多麼五花八門。但我發現，決定大家能不能聊起天來，以及能否聊滿一個小時的並不是語言，而是話題，尤其是話題有沒有做到「加一」，即是不是大家從未聽聞的事物。記得有一次，我無意間和那些從來沒有到過中國的外國同學分享中國的一些習俗，例如：中國特有的酒桌文化，新年時長輩會給晚輩紅包而不是賀卡。他們都瞪大了眼睛，像小孩子在聽童話故事一樣。因為我講的都是他們以前完全沒有聽說過的新事物，這為他們做了認知加法。假如我講的內容是他們早已瞭解的東西，比如在倫敦的大街上看到了雙層巴士，這就等於在他們的認知上加了個零，自然掀不起一絲波瀾。

我本來以為這是個小伎倆，但是加入麥肯錫之後，我發現，認知加法也是這家業界收費最高的諮詢公司常用的法寶之一。例如，如果客戶只知道國內市場的商業模式，那麼我們就告訴對方國外市場還有什麼其他玩法；如果客戶只知道行銷方式 A，那麼我們會介紹行銷方式 B；如果客戶使用 X 獎懲制度，那麼我們也會介紹 Y 制度和 Z 制度。

在認知上做加法時，我們首先要知道做加法的方向，這就涉及範疇。

認知廣度的範疇

　　拓展認知廣度意味著如果我們已有的認知是一個「點」，要思考是否還可以增加第二個點、第三個點。比如，我們對自己從事的職業如理財產品推廣有一定認知，是否還可以對其他職業如精算、公關、風險管理等也有一定認知；如果對便利商店業務有一定認知，是否可以再多瞭解咖啡店業務、快遞服務站業務、花店業務等。

　　在進一步探討認知範疇之前，我們首先需要確立到底什麼是「有一定認知」。因為如果只是「知道一點」，那麼這種認知水準很難對有趣形成支撐，畢竟那是大家都知道的東西。所以達到什麼程度才算有一定認知，才可以成為認知廣度陣營中的一員呢？大家可以參考我在課程中常用的「五分鐘原則」。

什麼是認知的「五分鐘原則」？

針對某一個概念，例如一個行業、一種動物、一個知識等，

你是否能在五分鐘內和別人解說，且達到下述兩個標準：

一、解釋清楚它到底是什麼（讓別人能聽懂）

二、講出一些大部分人並不知道的內容（讓別人有所得）

如果以上兩個標準都可以達到，說明你對這個事物有一定的認知，它可以作為有趣的佐料。

當我們從一個點向多個點拓展時，認知廣度分為範疇內的廣度與跨範疇的廣度。

·**範疇內的廣度**：如果一個人既懂民謠音樂，又懂古典音樂、雷鬼音樂、藍調音樂等，那麼這個人在音樂「範疇內」有著一定的認知廣度。再比如，一個人不僅瞭解東亞文化，還瞭解拉美文化、日爾曼文化等，這說明他在地域文化這個「範疇內」，有著一定的認知廣度。

因此，範疇內的廣度是指我們有認知的那些點都在同一個類別或同一個維度內，如下表圖所示。

範疇	範疇內的廣度						
職業	推銷員	產品經理	公關人員	道具布景師	速記員	調音師	……
音樂	民謠	古典	流行	雷鬼	藍調	搖滾	
地域文化	東亞文化	拉美文化	日耳曼文化	伊斯蘭文化	非洲文化	南亞文化	
行業	航空業	餐飲業	食品業	汽車製造業	化工業	典當業	……
……	……	……	……	……	……	……	

·**跨範疇的廣度**：假設小孫是一位產品經理（職業範疇），雖然他並不瞭解其他職業（在職業範疇內沒有認知廣度），但是他熱愛並熟悉搖滾樂（音樂範疇），並且還有一位奈及利亞的朋友，這又讓他很瞭解非洲文化（地域文化範疇）。他的認知並不是在同一個範疇內展開的，而是跨越了完全不同的範疇。可見跨範疇的廣度是指我們有認知的內容並不在同一個類別或維度內，而是跨越了完全不同的範疇。

跨範疇的廣度

　　因此，當我們拓展認知廣度的時候，既可以指在同一個範疇內我們瞭解到什麼，也可以指在不同的範疇中我們瞭解到什麼。這兩種廣度沒有好壞高低之分，只是適用性不同。範疇內的認知廣度更具系統性，例如我作為講師，必須在我所講的知識所屬範疇內有認知廣度；跨範疇的認知廣度更發散，這些認知之間更容易擦出異樣的火花。

　　拓展認知廣度的意義不僅在於瞭解到更多獨立的「點」，還在於這些點之間會互相促進。除了「一加一加一」式的疊加，認知廣度的拓展還會帶來化學反應。

廣度與認知升級

　　伽利略是第一位在關於月球表面形態的問題上，提出和亞里斯多德的宇宙論不同觀點的人。[32] 亞里斯多德認為太空中的星球和地球有一個顯著的區別：前者都是完美的球形，表面如同拋光過的大理石般平滑，只有地球的表面是凹凸不平的。

　　伽利略卻在四百多年前的某天，拿著一個品質比現在路邊玩具店販賣的商品還差的望遠鏡，在觀看月亮後用義大利西北方口音大喊：「不對！月亮上有山！」有趣的問題來了，在那個時代拿著望遠鏡看

月亮的人一定不只伽利略一人，為什麼只有他推斷出月亮上有山脈呢？是他的天文學知識比較深厚嗎？不是，同時期還有許多天文學家對宇宙也有著深厚的研究，例如英國天文學家托馬斯・哈里奧特等。那麼是因為別人的望遠鏡的鏡片沾到了麵包上的奶油變得太模糊了嗎？當然也不是。

　　真正的原因是認知的廣度。除了天文學知識，伽利略對藝術也有著濃厚的興趣。他會經常接觸眾多藝術家，如義大利畫家盧多維科・卡拉奇。經過長時間的耳濡目染，伽利略不僅具備了油畫和素描的經驗，而且接受過明暗對比繪畫技巧的訓練，即透過光影來凸顯物體的輪廓及細節。這些認知讓他在看到月球上的那些模糊的明暗區域時，立刻意識到了它們意味著什麼——陰影區域代表著在光的照射下被山脈擋住的部分，而陰影後面的明亮區域，是因為山脈夠高而捕捉到了太陽光線！

月球表面 [33]

　　可見，對於一個不相關領域的認知，幫助伽利略在天文學領域有

了新的發現。

　　然而，伽利略並不是個案。

　　密西根州立大學的生理學教授魯特・伯恩斯坦與另外十四名來自醫療、公共事業、材料學等不同領域的專家共同完成了一項研究，以驗證廣泛的、與科學研究無關的認知是否對科學研究的創造力有促進作用。[34]

　　專家分析了一九〇一～二〇〇五年五百一十位諾貝爾獎得主以及幾千位科學家的生平資料，記錄他們是否在寫作、音樂、手工、表演、繪畫等領域有一定的認知。判斷標準是：該科學家要嘛在資料中被明確地稱為「畫家」、「攝影師」等，要嘛接受過相關課程的培訓，要嘛發表過相關作品或有表演經歷（如果資料顯示僅僅是有興趣，則不算在內）。

　　在隨後的統計中，專家發現，相對於其他普通的科學家，諾貝爾獎獲得者，即在科研領域有著更高創造力的人，明顯有著更為廣泛的跨領域認知，如下圖所示。

・ 在寫作領域（詩、劇本、小說等），諾貝爾獎獲得者擁有相關認知的機率是普通科學家的十二倍。

・ 在手工領域（木工、機械裝置、玻璃吹製等）是七・五倍。

・ 在音樂領域（作曲、演奏、指揮等）是兩倍。

・ 在視覺藝術領域（油畫、版畫、雕刻等）是七倍。

・ 在表演領域（表演、舞蹈、魔術等）是二十二倍。

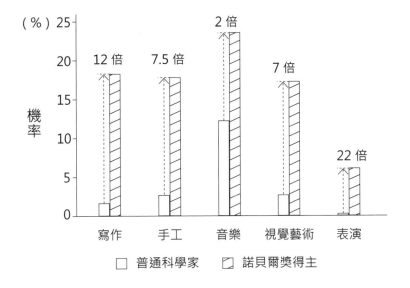

在特定領域有認知的機率

可見，廣度帶來了認知的升級。比這個發現更有意思的是，這個現象背後的原因是什麼？為什麼看似不相關的領域，卻提升了科學家在原本領域的表現呢？

相通的底層認知

表面上看這些是完全不同的領域，實際上它們之間存在著相通性。跨領域的廣度之所以會帶來創造力，是因為各領域之間有相通的底層認知，即更加基本且具有普遍性的認知。

儘管手工、寫作、表演、音樂與科研是不同的領域，但科學家在那些非科學研究類領域開發出來的認知，與研究領域所需的認知有著

相通性。那些認知既適用於 A 領域，也適用於 B 領域。例如：視覺想像能力（雕刻領域）、手眼協調能力（手工或視覺藝術領域）、文字溝通能力等同樣可以激發科研領域的創造力。

比如，諾貝爾化學獎得主羅德‧霍夫曼愛好寫作，出版過詩集。他說道：「我寫詩的時候就是在洞察這個世界，並體會自身對於世界的反應。而科學的語言，作為建立在複雜環境下的一種自然語言，它就像詩一樣。」

諾貝爾物理學獎得主亨利‧肯德爾熱愛海上救援，他說道：「這些活動（海上救援）使我認識到了兩個對於科學有幫助的技能：確保一個專案得到最終結論，以及確保專案的安全性。」

查爾斯‧威爾遜因為發明了「雲室」ᵃ 獲得了諾貝爾物理學獎。

後來雲室也以他的名字命名為「威爾遜雲室」。他提到該發明的念頭和他登山的愛好有關，因為在登山時他看到了山峰與日冕的美，便心想：「我還想看，我想每時每刻都能看到！」隨後他便展開了研究，最終在實驗室裡發明了雲室。

一些更深入的研究確實驗證了許多看似無關的領域與科學研究領域所需要的能力之間存在高度的相關性。[35] 例如攝影與圖像思考能力之間，雕刻與動覺思維能力ᵇ之間，藝術收藏愛好與抽象思維能力之間等。

我們的目的並不是研究如何成為科學家或獲得諾貝爾獎，而是想

---

a 雲室，即充滿過飽和的水蒸氣或酒精的設備，後來查爾斯為雲室增設了拍攝帶電粒子的功能，使其成為研究輻射的重要儀器。

b 動覺思維能力是指透過肢體動作進行思考，而不是看文字或圖像。

透過這些案例，探究認知的廣度可以帶來的化學反應。看似不同的領域之間相通的底層認知，可以幫我們在關注的領域中得到精進或突破。

認知廣度與影片

在我的影片作品被大家看到後，一些人開始問我那些有趣的創意和編排都是怎麼來的。我想這可能和我以前的經歷以及累積的認知廣度有關，雖然它們在表面上並不相關。

一、內容

我在影片中講的內容，一方面是我在培訓中會涉及的，如講課、解答疑問、輔導、研發新課程等，會持續為我輸入內容；另一方面這些工作反過來也鍛鍊了我的內容創作能力。

二、音樂

在小學，我有幸被選進學校的一個小小的交響樂團，剛開始樂團只有二十幾人，那也是四面環山的小城裡唯一一個樂團。我學的是單簧管，每天清早和下午課外活動時我們都會排練。還記得剛開始練習時，其他同學都趴在排練教室的玻璃上取笑我，說我吹出的聲音像驢叫，我當時就笑了，因為他們的描述極為準確。

在國中，我偶然看到了電視上有人彈吉他唱歌的畫面，便開始自學吉他。當時我們小鎮上根本買不到吉他這種「怪東西」，只能託老師從大城市買。吉他的牌子我記得很清楚，是紅棉牌。既然鎮上沒有吉他，那與吉他相關的書籍就更沒有了，而且也沒有網路可以搜尋吉他的彈法，所以我只能硬學。我記得家裡每卷錄音帶裡的歌曲，我不是按「首」聽，而是按「句」聽，一句聽幾十遍、上百遍，為的就是

聽出歌聲背後的吉他旋律，然後在吉他上找出對應的音，就這樣一句一句連起來，最終把一整首歌的彈法學會了。這可能是最低效的學吉他方法了，但當時我也沒有其他更好的辦法。

　　說來慚愧，這兩樣樂器我都學得不怎麼樣。可是，這個學習過程培養出的樂感，幫助我在做影片時，可以快速選出合適的配樂，並把畫面或表演的節奏與音樂節奏搭配起來。

三、拍攝

　　我在大學畢業後瘋狂迷上了攝影，比起拍攝風景或小動物，我更喜歡人文攝影。當時我在泰國，週末的時候經常一大早就背著相機出門，穿梭於曼谷的大街小巷，拍攝一切我認為美的瞬間，直到太陽下山。

　　那個時期我買了很多攝影畫冊，那些大師的構圖總會讓我思考：同樣是拍一個人，為什麼有時拍攝角度是仰視，有時是俯視？為什麼非要去拍被牆擋住的半張臉，而不是正面大特寫？為什麼重點人物被放在了照片的左下角？為什麼拍兩個人要一前一後而不是並排？

　　後來我還買了化學試劑在自己的「暗房」裡沖洗黑白膠卷。有必要說明一下，我的「暗房」比較廉價，就是被窩。我在租屋處，關了燈，然後拿著相機和試劑鑽到被子裡面進行沖洗，以至於我從來不會擔心被子裡會長蟲。

　　對攝影的愛好讓我在看電影時的關注重點也發生了變化，我開始關注導演的鏡頭和轉場。例如：在《辛德勒的名單》裡，集中營工地上的那個女孩被德軍槍殺前，為什麼要先從遠處走到鏡頭前，當她被拉去槍斃時為什麼鏡頭裡又出現一位警衛在淡定地喝水？在《終極追

殺令》裡，殺手執行完任務後，為什麼下一個場景是去超市買牛奶，回家燙衣服、清洗植物葉子等鏡頭呢？這些鏡頭和攝影畫冊上的一樣美，只不過攝影是靜態的，電影則是動起來的攝影。

我的影片遠遠無法和那些專業的攝影或影視作品相提並論。但這些經歷累積下來的認知，幫我大概理解了應該怎樣運用簡單的鏡頭，拍出比較流暢且有一定美感的畫面。

四、表演

一些合作對象和網友曾問我是不是學過表演，其實沒有。我最早和表演沾上邊的記憶應該就是小時候在餐桌上，母親經常一時興起就放下筷子，要嘛唱上一段戲，要嘛跳上一段舞，而不是像父親那樣出一些關於酒精濃度的數學題目。現在回想起來，這對我產生了一定的影響，至少讓我覺得表演是日常之事。

另外，舞臺演出的經歷幫助了我。比如：在小學的交響樂團時，我們會進行週期性的演出，儘管每次的觀眾很少；在國中時我開始在舞臺上彈唱，並偶爾為唱歌的老師伴舞；在大學我開始組樂隊，並參加一些社會演出，等等。

其實這些都是小舞臺，而且其中不乏一些很失敗的表演，例如有一次我的吉他琴弦完全走音，我在臺上竟然沒聽出來。不過，這些經歷至少讓我不懼怕在鏡頭前表演。

上面的這些經歷，我除了在影片內容上比較專業，在其他方面我都遠遠稱不上專業。但是音樂、拍攝、表演等都和我現在做的影片有著相通的底層認知。雖然我的那些認知都很粗淺，但把它們組合起來，已經足以幫助我在三四個小時內，背對著一面四平方公尺的白牆，比

較自如地完成構思、拍攝以及剪輯這些工作。拍攝影片所需要的元素，剛好來自我那些零散的愛好。

小練習

依據前面所講的認知「五分鐘原則」，測試一下你在哪些部分上有認知呢？

除了上述幾點，還有哪些部分，你希望拓展並納入自己的認知廣度呢？是範疇內還是跨範疇的廣度？

---

2. 深度的「葡萄」

　　如果認知只有廣度，那麼在面對「為什麼」、「到底是什麼」、「那又怎麼樣」等更深一層的問題時，我們便無法更進一步。有時候我們對事物的認知更深一層才會有趣。

　　假設，一個人說他會一點攝影，你會覺得他有趣嗎？應該不會有太大感覺。

　　要是他能解釋底片照片與數位照片的區別，以及為什麼馬格蘭攝

影通訊社[c]的一些攝影師今天仍然在用底片相機。這是不是就開始變得有點意思了？

倘若他進一步告訴你，其實 PS[d] 技術不是現在才有的，早在底片攝影時代就已經有了，只不過那時不是在電腦或手機上處理照片，而是在暗房裡用化學方式和物理方式處理。這裡的認知與之前的「會一點攝影」相比，哪個更有趣，不言而喻。

如果說認知廣度是橫向拓展的話，那麼認知深度就是縱向挖掘。

什麼是深度？

我認為挖掘認知深度有五種方向，可以總結為 G、R、A、P、E 這五個字母，也就是「葡萄」的英文單詞「Grape」，因此我稱之為「葡萄原則」，即我們以某一個認知作為起點，朝五個方向深入。讓我們來一顆一顆地吃。

細度（Granule）

細度指對同一個事物的認知，你是不是瞭解得更細。比如大部分

---

c 馬格蘭攝影通訊社是成立於法國的攝影經紀公司，發起人包括攝影大師亨利‧卡蒂埃－布列松、羅伯特‧卡帕等人，是攝影界最有影響力及知名度的經紀公司之一。

d PS 是軟體 Photoshop 的簡稱，指照片修改及美化。

人都知道長城的位置、修建年代以及長度，而有的人瞭解得更細緻。

石彬倫是一位美國人，他曾經是麥肯錫北京辦公室的一名諮詢顧問。一九九四年的春天，他和其他遊客一樣登上長城遊玩。但與其他人不同的是，自那之後，他又去過長城四百餘次。

每到休息日，他便穿上登山鞋，戴上鹿皮手套以及用秋褲改的面罩，搭乘小客車後再步行去看長城，甚至有時他還會在山上過夜。他不只是為了看風景，還想嘗試瞭解長城的每一個細節。後來他發現長城的細節實在太多，時間不夠用，他就乾脆辭職專門來研究長城。經費不夠怎麼辦？他就向美國國家人文基金會申請資助。雖然申請失敗了，但他還是專門飛到日本、美國，中國南部、臺灣等地區的二十多個圖書館查閱資料，然後再回到長城觀察、驗證。若干年後，他已經可以分辨哪個垛口是一六一五年之前建的，哪個箭窗是一六一五年之後建的，哪個門曾經被封過，以及某個殘破石碑丟失的那部分上面原來寫了什麼文字等。後來他還和他的夥伴按照長城修建的時間，把他拍攝的大量照片進行排列，並在美國舉辦了多次展覽。後來美國的《紐約客》雜誌對他進行了專訪，報導了這位對長城瞭解得如此精細的研究者。

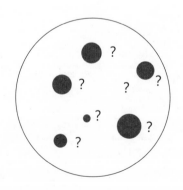

石彬倫對長城的認知比大部分人要細緻得多。對細度的追求，就好像我們拿了一個顯微鏡，去觀察在事物的宏觀表面下那些更為微觀的東西。

對商業世界的認知也一樣需要細度。在擔任諮詢顧問時，我經常需要為 CEO 分析他們公司所在市場的情況。我發現他們最感興趣的往往不是「這個市場很大」或「這個市場未來增速達三十％」，而是在大趨勢下，某一個細分市場是不是更有潛力，或者該細分市場的需求和其他細分市場的需求有什麼不同。具體來說，細度是關於：

· **事物的構成：**如市場由哪些細分市場構成，木造房由哪些結構構成，長城由哪些建築構成，甚至一個完整的人格由什麼構成等。

· **事物的分類：**如挖掘機可以分為正鏟挖掘機、反鏟挖掘機、拉鏟挖掘機、抓鏟挖掘機，西裝分為哪幾類，藥品分為哪幾類，主管的風格又可以分為哪幾類等。

客觀世界呈現給每個人的都是一樣的東西，但有趣的人往往會關注到更多的細節。

原因（Reason）

我喜歡咖啡，以前也一直以為自己還算了解咖啡。一次有位朋友來我家裡做客，我幫他做了一杯卡布奇諾咖啡，其實我主要是為了炫耀自己在咖啡方面有多專業：「來，幫你做了一杯卡布奇諾。」我遞給他，可沒想到他問我：「為什麼卡布奇諾咖啡叫卡布奇諾呢？」我居然被問倒了。對哦，為什麼呢？

我只好說自己得先上個廁所，出來後再跟他解釋。隨後我趕緊偷

偷躲在廁所裡用手機查這到底是為什麼，原來「卡布奇諾」一詞源自義大利聖方濟教會 [e] 修道士的服飾——Cappuccino。後來人們發現在咖啡裡混合牛奶，再加上一層尖尖的奶泡後很像該服飾，因此就為這種咖啡取名為「卡布奇諾」。

　　在瞭解了事物的表面之後，道出其背後的原因，是帶來有趣的另外一種認知深度。

原因　　？

---

e　聖方濟教會，創立於一五二五年，該教會的修道士穿著寬鬆的褐色長袍，頭上戴一頂尖尖的帽子，義大利人為這種服飾取名為 Cappuccino。

　　這好比所有人看到的晚霞是紅色的，但能解釋出這個現象背後的原因會更有趣。這種認知深度無處不在。例如：為什麼水龍頭的水流越往下越細，為什麼我們在睡著後摔到大理石地上感覺不到疼痛，貓頭鷹如何在黑暗中精準地抓住竄動的老鼠，家庭中的次子為什麼一般都比長子更有冒險精神等。

　　當然對一個問題的深度探索，只問一個「為什麼」往往是不夠的，需要問三個甚至十個「為什麼」。比如，當石彬倫發現修建長城往往是在春季時，便問自己為什麼是春季。後來他發現這是因為匈奴往往在秋天發動襲擊。那這又是為什麼？為什麼匈奴不在春天襲擊呢？因為這和他們馬匹的生長週期、弓弦的製作材料有關。這便是對原因的層層深挖。

　　許多有趣的人，都是帶著這樣的疑問和好奇去探索世界的。

抽象（Abstraction）

　　「抽象」這個詞本身就很抽象，讓我們先透過幾個具體的例子來體會一下。

　　填空題：

　　1. 番茄是蔬菜，西瓜是 _____ 。

　　2. 公司的辦公大樓租金、員工薪水、研發費用、行銷費用、裝點辦公室的鮮花等費用都是公司的 _____ 。

　　3. 狗尾草、蘭花、小麥都屬於 _____ 。

　　4. 食蚜蠅是一種腹部有黃黑斑紋，還可以發出嗡嗡聲的昆蟲，牠神氣的樣子看起來極像黃蜂或蜜蜂，但牠們其實並無螫刺也不會叮咬，

其外表只是用來保護自己的。而金斑蛺蝶（無毒）會把自己「打扮」成另一種蝴蝶——金斑蝶的樣子（大多有毒），也是為了保護自己。這種現象稱為 ＿＿＿＿。

　　5. 如何證明北極有北極熊？只有我們自己或別人去過北極且見到了北極熊，才能證明，這在哲學中叫作「經驗真理」；數學公式一加一等於二則不同，它屬於 ＿＿＿＿。

　　上面這幾個填空處的答案是：

1. 水果

2. 成本

3. 單子葉植物

4. 貝氏擬態 ᶠ

5. 必然真理 ᵍ

　　我們填空的過程其實就是在尋找抽象概念的過程。對一個事物的深入認知，有時需要進入抽象層面，也就是提取本質性特徵，才能回答這個事物到底是什麼或屬於什麼，例如，事物屬於什麼類別（單子葉植物），是什麼現象（貝氏擬態），叫做什麼概念（必然真理）等。再比如一位優秀的培訓師在講溝通知識時，他不但需要能舉出各種各樣的例子，還應該能夠說清楚哪個例子屬於「結論先行」ʰ，哪個例子屬於「邏輯先行」ⁱ。

---

f 「貝氏擬態」是指一個無毒可食的物種在形態、行為等方面模擬一個有毒不可食的物種，從而獲得安全上的好處。

g 「必然真理」是哲學「認知論」中的一個概念，指無須經驗就知道不可能為假，且無法想像為假的情況。

h 「結論先行」指先說結論，再說支撐結論的事實及邏輯。

i 「邏輯先行」指先不說結論，而是先告訴對方思考邏輯，最後再表明結論。

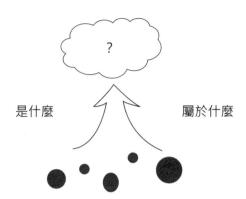

是什麼　　　　　屬於什麼

就好像一群小孩子在野外玩，媽媽喊「回家吃飯啦！」然後他們都跑回了自己的家，這裡的「家」就是我們要找到的抽象概念。這是第三種認知深度。

過程（Process）

我們都知道青蛙是蝌蚪變成的，但是那隻剛出生的可愛的小蝌蚪，是怎麼在兩三個月的時間裡一步一步變成有著四條腿、兩個大眼睛，披著翠綠外套的青蛙呢？這就需要對過程有認知。

世界的運轉離不開過程。比如，如何在三十分鐘內做出一份美味的羅西尼牛排，一部電影究竟是如何在幾個月或幾年的時間裡製作出來的，恐龍是如何滅亡的，人類的眼睛是如何演變為人體最為精密的「光學儀器」的，一個商業市場是怎麼演變到今天的，不同國家的文化是如何經過幾百年慢慢形成的。

所有事情都是經歷了若干個步驟，才從初始狀態（生牛肉、劇本）到達結束狀態（香噴噴的牛排、電影）。而我們的許多認知，往往只

涉及初始狀態與結束狀態，缺少了過程。

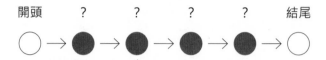

開頭　？　？　？　？　結尾

　　因此，一方面過程會讓我們的認知與時間同步，因為宇宙中的每一刻都像是一張照片，例如對過程的認知可以讓我們回到恐龍滅亡的那個時空，不漏掉每一時刻發生的事情；另一方面，過程讓我們捕捉到事物有意思的細節，就好像一列火車有一萬節車廂，而且每節車廂都是不同的顏色，我們不想只看到車頭和車尾，還想看到中間每一節車廂的顏色。過程也是有趣表達的一個關鍵要素（Part 7）。

　　這個世界的美妙，一部分來自開頭與結尾，還有一部分在中間。

影響（Effect）

　　前面四種挖掘深度的方向都是關於事物本身，影響則是從事物的結果或發展的角度來看：一個事物會為外界帶來什麼樣的好處或壞處。例如：吃牛排對身體有什麼好處，跑步對膝蓋有什麼影響，長城的修建對歷史以及文化有哪些影響，冥想對人的身心有什麼幫助等。

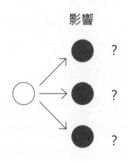

影響

當我們對一個事物的認知達到「影響」的深度時，才能夠明白其存在的意義。比如某人在公司裡辛辛苦苦做了一個專案，卻沒得到管理階層的認可，原因可能有兩層：一是事情本身層面，如員工態度不認真、拖延專案；二是影響或意義層面，即這個專案帶來了什麼，與管理階層有什麼關係，對公司業務有什麼好處（例如品牌提升、市場份額、成本優勢等）等並未說明。如果只是完成了事情，而沒有讓相關方感知到影響，則很難被認可。同理，我們推薦一款產品，稱讚一個人，宣傳一個理念，鼓勵一種行為等，都需要點明其影響、意義。這便是認知深度的第五顆「葡萄」——影響。

在我們對一個事物的五個角度都有了足夠的瞭解後，認知就會比大部分人更深一層或多一層。瓦特・杭特就是個例子，作為一位有趣的人，他的認知深度在機械領域。

瓦特・杭特是十九世紀紐約一家工廠的機械師，他的生活十分窘迫，所以欠債就在所難免了。有一次為了還十五美元的債，他開始研究一根八英寸（二十・三二公分）長的黃銅絲。做什麼呢？他發現當時人們用的別針有一個存在了幾百年的問題，那就是尖銳的針頭是露在外面的，並不那麼安全。於是他把銅絲的一端扭成彈簧一樣的圓圈，並在另一端做了一個卡環，這樣就可以透過彈簧把針頭卡在卡環裡。

　　一九四八年，瓦特憑這個安全別針申請到了專利。隨後他以當時四百美元的價格把這個專利賣給了一位叫威廉·格雷斯的愛爾蘭人，之後他愉快地還了外債。而威廉·格雷斯之後靠著安全別針成立了「格雷斯公司」，並在後續的幾年裡賺了幾百萬美元。如今這家公司也已經是美國的商業巨頭之一。

　　這只是他眾多小發明中的一個。還有一次，瓦特在路上看到馬車軋傷了一位正在穿過馬路的女孩，他發現當時的馬車喇叭都必須用手按，而馬車司機需要在車流擁擠時用雙手握住韁繩。於是，他又發明了一個可以用腳控制的金屬鈴鐺，同樣，他申請了專利，並愉快地把專利賣了出去。

　　此外，他還發明過製釘機、磨刀器、砍樹機、小型破冰船、縫紉機等。

　　能夠把發明做得像捏黏土一樣輕鬆，這背後的一個重要基礎就是瓦特對於機械應用的深度認知。例如：為什麼那個東西不好用或有問題（原因），這個問題導致了什麼（影響），那個東西都有哪些部件（細度），以及應該如何改進讓其更好用（過程）。而當瓦特可以在不同的應用場景、不同的器具上看到問題或機會時，他也一定看到了其中的共通原理（抽象）。這些認知不附著於某個具體的物件，因為它們可以貫穿任何機械或器具的工作原理。這就是深度認知的力量。

小練習

找一個你感興趣的事物，然後基於「葡萄原則」嘗試從細度、原因、抽象、過程、影響這五個角度挖掘對該事物的認知深度：

它的更細化的構成或分類是什麼？（細度）

它發生的原因或者來源是什麼？（原因）

它屬於什麼更普遍或更本質的概念？（抽象）

它是如何形成的或如何發展而來的？（過程）

它會帶來什麼結果或有什麼效用？（影響）

---

3. 好玩的關聯

當我們的認知有了廣度和深度後，還可以把不同領域的認知關聯起來，使其變為一種新的認知。

無處不在的關聯

不同的事物之間總有一些抽象又美妙的關聯。我們先看一個簡單的例子，下頁左右這兩個字你認識嗎？

絲　

我猜你肯定看出來了，這兩個字是同一個字「絲」。可是，這兩個字有很大的不同：左邊的字是印刷體，右邊的字是手寫體；左邊的字是正的，右邊的字是歪的；左邊的字小，右邊的字大；左邊的字筆畫細，右邊的字筆畫粗。

但你仍然可以毫不猶豫地識別出它們是同一個字！這是因為，你從形狀上判斷出了它們之間具有高度的相似性。這就是在不同的事物之間發現了一種關聯。儘管這個例子很簡單，但它的本質可以說明一切事物間的關聯。

再換個不那麼直觀的例子：「數學」和「美」兩者之間有關聯嗎？

比如我們畫一個幾何概念中的等邊三角形。

然後把每一條邊的中間三分之一的部分刪除，並朝三角形外部畫兩條同樣三分之一長的線，連成一個三角形的頂部。

重複這個步驟，每條邊如右頁上圖所示。

繼續重複下去，就是下面這樣的過程。

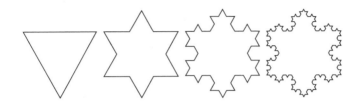

最終形成了下圖，像一朵雪花一樣美，也叫「科赫雪花」（由瑞典數學家海里格·馮·科赫在一九〇四年構造）。

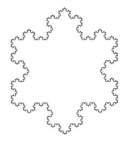

可見，數學也可以是美的，而且我們還看到了數學、自然、美三者之間的關聯。

讓我們再做一個更為抽象的假設：當你站在操場上，看到了一位讓自己心動的人，心怦怦直跳！心率瞬間上升到了一百二十次／分鐘，即平均每秒跳兩次。這時你發現操場上不只有你一個人，還有另外兩百一十九個人，他們也看到了自己的心動對象，也和你一樣心率驟

增！此時，假設這兩百二十個人的心跳節奏互不重疊且均速，那麼當所有人把脈搏放在同一根弦上時，這根弦在脈搏的帶動下每秒會震動四百四十次，即四百四十赫茲[j]。

這意味著什麼呢？振動產生聲音，按照振頻與音樂中標準音高的關係，四百四十赫茲的振頻是音樂中的 A 四音，即鋼琴上第四十九個鍵的發音，也是貝多芬在《第六交響曲》中右手按下的第一個音符。可見，愛情、物理、音樂之間也存在關聯。

如果以上只是我無厘頭的想像的話，那麼克卜勒是真正地透過科學發現音樂。這位德國天文學家、數學家在探索宇宙時，發現了行星運動與音樂之間的關聯。[36] 他發現當太陽系中的行星在橢圓形的軌道上運行時，其公轉速度在近日點和遠日點是不同的，而且有著非常和諧的比例。例如地球在近日點和遠日點的公轉速度比約是十六比

---

j　每秒鐘振動一次爲一赫茲。

十五，剛好是音樂中 F 調和 E 調對應的振頻比例（我們有時會唱作「fa」、「mi」）。其他行星也同樣有著有趣的比例。因此，當這些行星在太空中運行時，就像是一場宏大的音樂會。多麼令人讚嘆的洞察！

　　達文西根據古羅馬傑出的建築家維特魯威留下的比例學說，繪製出了著名畫作《維特魯威人》。在這幅畫中，一個男子雙手水平展開時，與身體形成了一個正方形，而當他雙腿張開，手臂上抬時，以頭、手指、足為端點，又剛好連成一個圓形。此外，他的下巴到鼻尖的距離等於髮際線到眉線的距離，又等於耳朵的長度，都是臉長的三分之一；髮際線到下巴的距離是身高的十分之一；下巴到頭頂的距離是身高的八分之一；手肘到指尖的距離是身高的五分之一；還有畫中並未標出來的等邊三角形、等邊五角形等。幾何與美學的融合在這幅畫作中得到了極致的呈現。

　　世界萬物之間的關聯無處不在，遍及自然、藝術、科技、宗教、文學等領域。人類本來是非常善於連結的，不然我們也不會把香蕉、哈密瓜、奇異果歸為水果，把相對論、電磁學、量子力學歸為物理。但是在越來越多的關聯被總結出來，越來越多的領域被定義之後，各個領域之間的壁壘反而逐漸成了認知前的一堵牆，隔斷了我們發現其他微妙的、有趣的關聯的視線。

　　當然，發現事物間的關聯並不意味著要像克卜勒或達文西這些偉人那樣探索宇宙或繪製出傳世佳作，普通人在一些日常小事上也同樣可以嘗試把不同的認知進行連結。

　　我有一位姓湯的不吃辣椒的四川同學，他在畢業後從事期貨投資。我很喜歡時不時地和老湯見面、吃飯、聊天，因為他比較喜歡買單。在一次碰面中，我們聊起了他的工作，我問了一個我關心許久的問題：「你做投資做到財富自由的關鍵是什麼？」

　　「運氣。」他說道。

　　「你別謙虛啊！智商、心態等也很重要啊！」我說。

　　「我知道，但我認為在期貨投資裡，運氣的成分占五十％以上。」他說。

　　我們暫且不論五十％這個比例是否正確，重要的是他隨後說的：「我研究了運氣和幾乎所有事情之間的關係，發現運氣的占比各不相同。比如，運氣在買彩券中占的比例是一百％，但在下象棋中只占不到一％，在跑步比賽中占比也很低，但是在賭博中占比很高，在自媒體行業、保險行業就業、應聘主持人、找對象中，取得成功的占比分別是……」

他居然把生活中各種各樣的事情和運氣之間的關聯梳理了出來，這是我從來沒有思考過的。這也是一種有趣的關聯。

交響樂與情商

有一天，深圳交響樂團聯絡我，因為他們之前看到了我在影片裡對音樂元素與非音樂知識的融合。溝通之後，我們決定做一次跨界嘗試：一邊是「交響樂」，一邊是我的影片主題之一——「情商」，透過把二者融合起來，探索它們之間的關聯，並製作成影片呈現出來。

這次創作比以往要複雜得多，因此我們花了兩個月的時間準備。一方面在形式上，需要一邊由樂團的樂手演奏，一邊由我跟著音樂的旋律進行知識講解，同時融入幽默的表演。這種「三合一」的形式在國內幾乎找不到現成的參考。另一方面我要在四分鐘內，透過古典音樂把一些典型的人物情緒表達出來，以及在面對別人不同的情緒時做出適當的回應。

終於，在一個週末的傍晚，在三百公尺的高空音樂廳中，我們完成了這次融合：我們用德弗札克第九號交響曲《新世界》第四章激昂的音樂來體現「怒」的情緒。伴隨著激昂的音樂，我在表演中帶著怒氣大喊：「誰偷吃了我的煎餅？！」

接下來我在影片中表示，對於怒，我們不能以怒制怒，那樣只會激發更大的怒火，而是用溫柔去化解。所以，接下來樂隊換作用《新世界》第二章悠揚的單簧管獨奏來表達溫柔。舒緩的音樂就像怒氣對面一聲輕柔的細語，最終化解了煎餅風波。

隨後，我們用愛德華·艾爾加在求婚時寫的《愛的禮讚》來演繹

「愛」的情緒，用貝多芬的《第六號交響曲》來講解「喜悅」以及分享喜悅的重要性，用拉赫曼尼諾夫的《第二號交響曲》來演繹和體會他人的「悲」。就像前文那個「心跳與音符」的例子一樣，情緒與音樂本來都是心靈的震動。

　　雖然我們花費兩個月只拍了一支影片，但它帶給我的，也是我希望能夠傳遞出去的，是一種世間原本就存在的美妙。它的意義遠大於影片本身。

小練習

從左邊和右邊分別任選一詞，然後嘗試描述出它們之間的關聯性。

水　撞擊　食物　味道	思想　歷史　銀河　故事

----

4. 多個切面

　　在認知層面，除了廣度、深度以及不同事物之間的關聯性，有時我們還需要看到事物的多面性和複雜性。就像鑽石有五十八個切面，事物同樣也有多個切面。這需要我們抽離到更高、更遠的地方去重新審視，就如同從月球上看地球一樣。

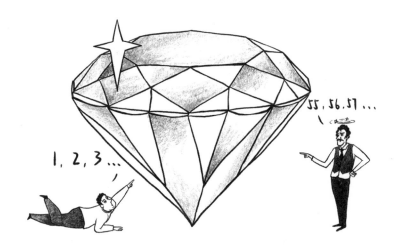

　　有趣的人，有時只是讓我們看到了在認知層面被忽略的那一面。 我總結了六組相互對立且具有普遍性的切面，可以用來檢查我們是否看到了事物的多面性。

硬性與軟性

　　這裡的硬不是指法國麵包那種硬，軟也不是指滷豆腐那種軟，而是事物在抽象屬性上的兩個層面。比如你去超市買紅酒，看到有一款

紅酒在促銷，打七折後便宜了三百元，隨後你買下了它。這時便是硬性因素——價格在發揮作用。但有研究發現還有一個因素也會影響人們的購買決策：當人們在超市聽到法國音樂時，更可能會買下法國紅酒，而當超市播放德國音樂時，德國紅酒的銷量更高。[37] 這時發揮作用的是軟性因素——音樂對偏好的影響。

再比如，什麼會影響一個人的幸福感呢？收入、房子、通勤時間等是偏硬性的因素，個人價值的實現、與人之間的關係、工作帶來的成長等是軟性因素。

因此，硬性因素往往是指我們可以數得清、看得見、摸得著的東西，它們像岩石一樣有稜有角；軟性因素則是指那些更加抽象、無形、虛幻的東西，它們往往關乎感覺、心靈，例如自信、尊嚴、羞恥、憐憫、恐懼、感動等，同樣真實地存在並影響著我們。因此，在籃球場上，傳出一個好球或者投籃得到兩分是對球隊硬性的幫助，當球星以賽亞·湯瑪斯阿基里斯腱受傷卻帶傷上陣時，他對球員精神上的鼓舞是無法衡量的軟性因素。當一個人哭泣時，用硬性因素可以解釋為：他的淚腺的分泌量增加了，導致壓力超過了表面張力，軟性因素則可能是他心中的一絲懷念。

我記得有一次和一個學員進行一對一輔導，她的困惑是：不知應該如何向上溝通，處理好自己與老闆之間的關係。

我透過瞭解他們之間溝通的場景和遇到的問題，提出了許多關於溝通技巧和原則方面的建議。臨到結束，我隨口感嘆了一句：「我覺得你老闆也真是夠奇葩的！」

沒想到她竟然長吁一口氣，說道：「朱老師，這是你今天說的讓

我最舒服的一句話。看來不只是我有問題。」

　　這時，我才突然意識到自己在工作中的一個疏忽：儘管我給了她很多方法性的東西，但她真正需要的可能是一種對她在這個事件中的理解與肯定。在這個例子中，方法、技巧等都是硬性的，她可以拿來當工具一樣使用；我對她的理解與肯定是軟性的，帶給她的是內心的安慰。

內部與外部

　　每個事物都可以從內部和外部兩個角度來看。

　　打個比方，買車時有人在乎的是乘坐的舒適性（內部角度），而有人更在乎外觀（外部角度）；我們做一件事情是為了內在的滿足感（內部角度），還是為了贏得他人的喝彩（外部角度）；當很多人在某個行業或專案上獲得成功之後，我們會認為該行業和專案很有吸引力（外部角度），但我們自身能力是否與之匹配呢（內部角度）？成功需要同時具備外部機會和內部條件。那些成功的企業，除了自身的核心競爭力以及卓越的管理，無一不是因為把握住了正確的時機。還有更微妙的情況，例如我們總是在不自知的情況下，傾向於把取得的成就歸結於自身的能力或努力，卻把失敗歸結於外部因素，如時間、環境等客觀條件[k]，這樣也只是看到了單一的切面。

　　內部更多是關於欲望、驅動、能力、感受等，而外部更多是關於環境、趨勢、合作夥伴、競爭、客戶等。它們之間會相互提醒，譬如

---

k　這種情況也叫作「歸因偏差」。

內部的害怕情緒會提醒我們向外尋找支援，而不是自己硬扛；外部的回饋，例如合作夥伴的態度，會提醒我們向內尋找自己的原因。

內部與外部視角的切換，就好像海底的一艘潛水艇，向內看是封閉的倉室，向外要面對大海與海龜。

直接與間接

如果在一次工作匯報中，一位銷售人員說：「我今年的工作成果是五百萬元的銷售額。」

這個數字僅僅是最直接的成果。

如果我是老闆，我會繼續問：「僅此而已嗎？」

老闆不一定是嫌這個數字小，而是在問還有什麼間接成果，即這五百萬元帶來了什麼其他價值。

如果該員工說：「在這些已成交的客戶中，有兩家是這個行業的龍頭企業，因此我把它們作為我們的標竿客戶案例放在以後的投標中，這樣會間接提升我們公司在其他客戶心目中的專業度，公司明年的業

務拓展會更容易。」

這裡說的就是間接成果。

在我遇到的職場案例中，有不少學員的認知只停留在了事物的直接成果層面。

當某個行為或事件直接觸發了一個後果時（例如銷售額），這個後果會進一步帶來其他效應，即間接後果（例如未來業務拓展）。這就好像我們往水裡丟了一顆石頭，會激起漣漪，這是直接結果；但連漪還會慢慢擴大，直到驚動了正在岸邊午休的那隻癩蛤蟆，這是間接結果。在超市不小心把貨架上的巧克力撞到地上摔碎了，最後買下了它，這是直接結果；因為吃了這塊甜甜的巧克力，當天的工作效率極高無比，這便是間接結果。一次成功、一次失誤、一個微笑、一次握手都會造成間接結果。

基於對這兩個切面的認知，我們需要做的就是「多想一步」，即這個直接的效果或影響又帶來了什麼。

頂層與基層

你有沒有聽到過類似的話？

公司主管說：「大家好好努力！我們一起把公司做大！」

但是有多少員工會被這句話激勵到呢？這句話僅僅提到了問題的

頂層——公司和股東的利益。但公司做大和員工有什麼實質性關係，這對於員工更為關心的職業發展、獎金等意味著什麼，是需要從基層思考的問題。

當然，有時我們也需要反過來——從基層到頂層思考。我記得曾經有一位學員問，為什麼感覺自己做了很多事情，但總是無法打動老闆。然後我問他：「你知道你老闆的 KPI 嗎？」

他被問住了，因為他並不知道老闆的 KPI 是什麼。他的思維停留在基層，即員工只需把手邊的事情做好。但如果從頂層出發的話，他應該思考：我做的這些事對老闆來講是最重要的嗎？這讓老闆意識到了我對他的重要性了嗎？

其他問題也是一樣。比如我們做一個專案，具體任務、完成時間、所需時間及預算等，這是從基層角度的思考；專案的方向對不對，以及能否實現預期的價值，則是從頂層角度的思考。

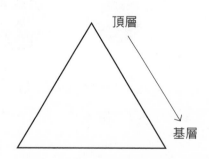

因此，基層代表著從一個組織或團隊的基層人員的角度思考問題，例如他們的訴求、利益，同時基層也代表著更具操作性、細節性的事情；頂層則需要從一個組織的管理者、責任人的角度來思考問題，

這關乎的是整體的目標、決定性的方向等。而身處某一層的人往往容易忽略另外一層。

所以，如果你的思維在「一樓」，那麼需要有能力跳到「頂樓」看問題；如果你高居「頂樓」，也需要時常回到「一樓」進行思考。

近期與遠期

我一直相信假如時間可以被無限壓縮，那麼當下的動作在下一秒就會得到回饋，可時間偏偏讓我們按它的節奏去感受事物的發展。

近期與遠期這一對「切面」是指在時間維度上看到事物的不同狀態或影響。

好比喝一杯可樂對我們身體造成的影響，取決於我們是從當下看還是從未來看。當下可樂帶給我們的是爽快的感覺（近期），但這種感覺並不會持續到第二天（遠期）。

在個人發展方面，學習溝通能力並不會在第二天就帶來收入的翻倍或事業的攀升（近期），因為它的效果可能在若干年之後才會逐漸凸顯（遠期）。

在企業發展方面，公司為提高產品銷量決定打折促銷，並把資源都傾注到行銷推廣上，吸引客戶紛紛下單，最終公司當年的業績超額完成（近期）。但到了第二年，該公司發現這個產品已經滿足不了客戶新的需求，而競爭對手早在一年前便開始研發更符合市場的新產品，這導致該公司最終被客戶拋棄（遠期）。

因此，一方面在近期視角下，我們要看到當下的益處、機遇和要做的事；另一方面在遠期視角下，我們需要看到未來的發展狀態以及

為未來需要做的準備或犧牲。

正面與負面

　　還記得 Part 2 那個例子嗎？同樣被扔番茄，「我怎麼這麼倒楣」就是偏負面的解讀，「他一定是在向長得好看的人示好」則是正面的詮釋。患有腦性麻痺的梅遜・查伊德從自己的劣勢與不幸中看到了超市給予殘疾人專屬停車位的福利，這也是對事物的正面解讀。

　　任何事情都有正面和負面。失去的同時必有得到；病痛的正面意義是提醒我們要愛護自己；被公司辭退的正面意義可能是逼迫自己邁出一步，去找到更適合的工作；被人欺騙的正面意義是提醒自己以後要多加一層防護，以避免更大的損失。

如果我們把正面比喻為海面之上，把負面比喻為海面之下的話，那麼在正負兩者間的轉換則需要我們能夠像海豚一樣，既能潛入至暗的深海，也能輕鬆躍出水面。

我記得在我做諮詢顧問的第三年，有一次出差途中發生了一個插曲。那天我上了飛機後，頸椎突然徹底不能動彈，同時伴隨著劇烈的疼痛。後來我去醫院做了檢查才發現是嚴重的頸椎病，第四、五節椎關節突出，壓迫了手臂的神經，這是因為長時間在高壓下低頭工作。就這樣，我在床上躺了一個月並接受了各種治療：中醫、西醫，內服、外用，紅外線治療、器械訓練等都體驗了一遍。

這在當時看來顯然是一件負面的事情，但現在看來，它有著巨大的正面意義。因為在床上的那些日子，讓我在不停地工作之後，第一次有時間靜下來審視自己：這樣高強度工作到底是為了什麼？對於自己重要的事情到底是什麼？要繼續這樣嗎？這也間接促使我在一年後從麥肯錫辭職，尋找新的體驗與機會。

Part 1 提到的崔弗，可以把日常的一件小事，哪怕是倒楣的事情講得如此輕鬆有趣。下面讓我們看看在他的生長環境中他的母親是如何切換視角的。[38]

崔弗的母親曾經中過槍，而且子彈是從後腦打進，從臉部穿出。當崔弗趕到 ICU，等著注射了鎮靜劑的母親醒過來時，他看著母親哭了起來，母親卻說：「你要看到好的一面。」

他驚訝地問母親被子彈擊中還有什麼好的一面，他的母親說：「從現在起，你就正式成了這個家裡最好看的人。」

就像本章開頭說的那樣，多角度的認知不一定會直接帶來有趣的

言行，但可以豐富我們的視角，就像佐料一樣，在合適的場景撒入合適的那一味，最終「烹飪」出獨到的有趣。

∞

　　獲取認知的途徑有很多，例如：自己閱讀、聽別人講、觀察身邊發生的事等。但不同的途徑為我們的認知帶來的衝擊程度是不同的。有的認知只停留在「知道」的層面，如一個人「知道」回報往往需要等待，但這不代表他真的願意等待；一個人「知道」要多陪伴父母，但這也不代表他真的會放棄一些事情，增加陪伴父母的時間。有的認知上升到了「應用」層面，比如：如果老闆有要求，那我「可以」對問題進行深入研究，但這並不代表這是你的習慣或價值觀；一個人炒股賺了一筆後「可以」收手，不再追求更大的回報，但他仍然心有不甘，心想我為什麼不再多持有一段時間呢？因為他並不是真的相信，少得到一些換來的平靜，要比追求更多帶來的忙碌更珍貴，即「可以做」不代表認知深入了一個人的信念。而深刻的認知會深入我們內心，融入我們的習慣。

　　我認為，要形成深刻的認知，只能自己去經歷。

小練習

選擇自己最近想成功做到的一件事，並分別列舉出三個關鍵的外部因素和內部因素。

選擇一種自己希望處理好的關係，並分別列舉出三個影響該關係的硬性因素和軟性因素。

---

5. 認知需要經歷

我以前走的路一直還算順，也很規矩。我出生在小城鎮裡，透過考試來到大城市讀書、工作，再讀書、再工作。到了三十歲，我靠著打工拿到了人生第一筆七位數的年收入，這讓我一度非常自滿。

但後來的經歷，和我開了個大大的玩笑。打工幾年後，我開始對創業蠢蠢欲動。我希望自己的時間以及工作方式可以更自由，並找到自己真正喜歡做的事情。於是辭職後，我便信心滿滿地準備創業——新材料工業產品專案。我自認為憑藉著自己對市場精準的分析應該可以馬上撈到一大桶金。在辭職那天，我就開始苦惱，賺錢後，我應該

如何分配我的巨額資產。

　　專案初期確實很順利，並且按照計畫，我和合夥人聯繫到了全球若干個合作廠商，最終敲定了與韓國企業的合作，因為他們有技術且成本低。於是我們飛去首爾簽合約，吃烤牛肉，並在漢江的船上一起暢想著巨資分配的問題。

　　產品上市一個月後，銷量是零。「沒關係，時機未到。」我這樣告訴自己。

　　兩三個月過去了，銷量還是零。這時我的信心有一點點動搖，但是還好，因為我的積蓄還夠，可以再堅持一陣子。

　　可是一年快過去了，公司的那點微薄收入連成本都不夠，而我的積蓄也幾乎花光了。

　　但天無絕人之路，我意識到公司業務無法快速帶來收入後，便開始嘗試進行投資。我瞄準了國際黃金期貨，因為它錢來得「快」——投資槓桿是一百倍，也就是說，投一美元，如果賺了，就賺一百美元，反之，賠也是賠一百美元。我買了《日本蠟燭圖技術》、《期貨市場技術分析》等書，通讀之後便用剩餘的積蓄開始操作。

　　那真是兩個字：刺激！第一個星期我發現自己原來是個投資天才，居然每次都踩到了點上，我買漲，市場就漲，我買跌，市場就跌。記得有一個晚上，正值黃金期貨市場大波動，眼看著我的資金就翻了二十多倍，我慶幸地告訴自己原來還有這麼容易就可以賺到錢的事業。就這樣在短短不到一個月的時間裡，我不但把創業期間的投入賺了回來，還額外撈了一大筆錢。

　　可真正「刺激」的還沒到來。由於自己越來越有信心，投進去的

資金也越來越多，在又一個我期待著收穫二十倍回報的晚上，市場的走勢突然朝著和我預期完全相反的方向走去，我買漲，市場就跌。這倒也不可怕，因為以前也發生過類似的情況。可怕的是，市場在斷崖式下跌！

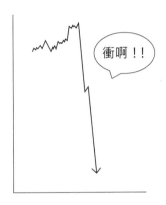

衝啊！！

跌到什麼程度呢？不到十秒的工夫，我先前賺到的五十％就已經消失了。

在接下來我期望市場能有好轉的一個小時的時間裡，我所有的盈利全部跌光了。此時，市場就像在和我作對一樣，還在繼續下跌，眼看著我的本金也要沒了。為了不爆倉[1]，我只能再往帳戶裡存入資金。那天晚上我一直都處在高度慌亂中，一夜沒睡。到了第二天早上，看著還在下跌的曲線，我面臨兩個選擇：一、認了，不論賠多少，清倉退出；二、嘗試挽回，但需要繼續補入資金。

不願意接受現實的我選擇了第二種辦法。但公司運轉需要資金，

---

[1] 指本金不夠時系統自動停止交易。

生活需要資金，期貨還要補資金，沒有錢怎麼辦？只好借。

我人生第一次張口和朋友借錢，同時我還從我的六張信用卡裡預借現金，從 A 卡借錢還 B 卡，B 卡還完之後再借錢還 C 卡，就這樣狼狽地堅持著，直到我的黃金期貨帳戶再也撐不住爆倉了。我清醒過來後算了一下，短短一個月的時間，我的個人帳戶金額就從正的七位數變成了負的七位數，而且第一位數字不是「一」。

記得後來有一天我到外地出差住飯店，拿出一張信用卡給服務人員時，服務人員說：「先生，您這張信用卡額度不足，能換一張嗎？」

我又換了一張給他，他又說：「先生，這張卡的額度也不足。」

我把身上所有的六張卡都給了他去試，卻沒有任何一張卡的剩餘信用額度夠付幾千塊的住宿費。原來額度都被我用光了。服務人員看著我，很少緊張的我居然手開始冒汗，甚至發抖。眼看就要落到沒地方住的地步，我最後只能打電話給老媽，請她轉了五千元給我。

這個經歷就像是一記重重的上勾拳，砸在了我的臉上。只不過我沒有被打暈，而是清醒了。它讓我真正意識到，你所擁有的，可能並不是你的，因為那些都可以在短短幾天甚至幾秒內消失殆盡。這次經歷徹底改變了我對金錢的看法──金錢可以是麵包，也可以是魔鬼。這是我從書本上、培訓中完全無法學到的認知深度。現在它已經融入我的血液，影響著我今後的每一個舉動、每一次決策。

那麼這和有趣有什麼關係呢？它讓我內心的場域更加寬闊，關於金錢，甚至關於任何形式的「得到」與「失去」，它們在這個場域中都變得更輕了，而我對它們的態度也變得更加輕鬆、淡然。別人可以盡情嘲笑我，而我也可以拿這個話題作為笑話講給別人聽，這都已經

無所謂了，因為這個經歷已經變成了我的一部分，我已經像接受自己的雙腳一樣接受了它。凡此種種就像我們的血肉一般，成就了此時此刻的我們。

　　認知需要經歷，經歷需要厚度。「趣」字的左邊是「走」，右邊是「取」，邊經歷，邊獲得。只不過我認為，經歷的厚度最好有兩層，一層是正向的厚度，關乎光環、成功、快樂、收穫等；另一層是負向的厚度，關乎負擔、失敗、痛苦、失去等。這樣的經歷才更貼近實際生活，它帶來的認知才更為扎實。

Part 7

密碼三：表達

　　有了內在系統作為樹根，認知作為樹幹，讓我們來到樹冠的一側──表達。這項我們從一歲時便開始運用的技能，滲透到我們生活的方方面面。在餐桌上、教室裡，生日會、同樂會，寫情書、求婚，面試、匯報工作，和朋友的閒聊、和客戶的談判，教育子女、安慰父母等場景中，我們都在透過語言表達來傳遞資訊，表明意圖，交換情感與思想。

　　那麼，是什麼可以讓一個人的表達更有趣呢？為什麼崔弗可以把一個小故事講得如此有意思？為什麼有的人一張嘴就會讓人笑出聲來，而有的人的表達讓人昏昏欲睡？有趣表達的密碼又是什麼？

　　我認為表達的有趣性來自四個要素：呈現的態度，表達的內容，進程的節奏，以及表達的角度。

有趣表達的四個要素

1. 輕鬆的調侃

　　當一個人只想展示自己包裝過的一面，而不願意敞開和放低自己

時，這種繃著的狀態很難讓別人放鬆下來，他也很難變得有趣。在許多有趣的表達中，我們都能夠看到一些帶著輕鬆態度的調侃。

自嘲

自嘲是本章最難也是最容易的一個技巧。難是因為我們需要破除 Part 5 提到的內心障礙，例如：不能暴露缺點，因為別人會笑我；容易是因為自嘲並不需要太多的語言修飾。

如果你是一個作家，當有評論家稱讚你的語言簡潔時，你會如何回應呢？會說「謝謝」還是「我喜歡這樣的風格」、「我認為簡潔可以讓語言有力」等？

作家余華[a]面對這樣的稱讚時，他回應：「那是因為我認識的字少。」「認識的字少」本是一個弱點[b]，他卻拿出來調侃。

再比如，美國前總統喬治‧沃克‧布希有一個人盡皆知的「污點」，那就是他在學校的學習成績並不理想，許多課程的成績都是 C[c]，而且沒有任何一門達到過 A，其中天文學成績還是 D，剛好及格。所以他的學習成績時常被媒體拿來當作笑柄，連維基百科中的人物介紹都寫道他是個「成績中等的學生」。

然而多年後，在耶魯大學的畢業典禮上，作為發言人的布希這樣說道：「祝賀二〇〇一屆的同學。那些得到榮譽、優等的同學，做得好！那些成績只得到 C 的同學……」布希在現場的發音強調了「C」，

---

a 余華：中國當代作家，著有《活著》、《兄弟》等小說。

b 余華只讀完了國中。

c 在美國學校，成績 A ＋為最高分，隨後是 A、B、C、D，依次往下，C 意味著沒有進入班級前七十％，D 僅相當於及格。

並刻意停頓了一下，此時臺下已經有學生反應過來並開始笑了。

　　他接著說道：「我想對你們（得到 C 的同學）說，你們也可以成為美國總統。」臺下的同學頓時大笑並報以雷鳴般的掌聲。一個「也」字讓所有人意識到了這位總統的在校成績只有 C。

　　此時「成績中等」已經不再是一件難堪的往事，這位總統的成績到底如何、智商如何、政績如何在那一刻都已經不重要了，因為自嘲已經讓大家覺得臺上這個人是如此平常，和自己是如此相像，就像自己班上的一員。當總統把自己放低後，他的形象瞬間變得親近。

　　自嘲除了可以拉近距離，有時也可以用來化解危機。

　　二○一八年，由於肯德基（KFC）新更換的物流供應商在營運方面的問題，其在全英國的連鎖店一度缺少鹽、番茄醬等調味料。更嚴

重的是，這家以雞肉起家並命名的餐飲連鎖店，連雞肉都沒了。

全國各個店面裡都有無數客戶抱怨：

「鹽呢？」

「沒番茄醬怎麼吃薯條？」

「我要吃雞翅！」

這導致 KFC 不得不關閉了九百多家連鎖店，隨後幾天內關於 KFC 的負面媒體報導鋪天蓋地，公司面臨著空前的危機。

但是，KFC 並沒有選擇補救形象，為自己說好話，而是選擇面對尷尬。KFC 做了一個大膽的廣告——在各大主流報紙上刊登了一張其主打產品全家桶的照片，並在全家桶上印上了「FCK」，表示抱怨，而非其商標「KFC」。「FCK」下面的文字是：

對不起，

作為一家賣雞肉的公司，我們沒有雞肉了，這太尷尬了。

KFC 的廣告圖片

這段話後面還有幾句話表示食品供應正在恢復中。

　　這則廣告帶來的效果出乎所有人的預料，各大媒體討論的重心已經不是 KFC 的負面問題了，而是這則帶有自嘲色彩的廣告多麼有趣。

　　最終，單單這一則廣告在紙質媒體、電視媒體、網路媒體上一共觸達十億的用戶[39]，而且基於當時 KFC 的品牌指數[d]資料，消費者的關注度[e]在這則廣告之前是七％，廣告之後上升到了二十九％，且消費者對品牌的印象值分數比一年前更高。

　　這個例子其實在本質上和余華、布希的自嘲都是相通的，包括前面章節中的崔弗說自己晚上怕黑、凱文說自己個子矮、微微說自己的身材一個抵兩個等。自嘲不但不會真的讓人們把自己看低，反而會給別人留下一種積極的印象。

　　為什麼能夠自嘲的人會讓我們有積極的感覺呢？那是因為他們透露出來的是一種真實。他們沒有試圖偽裝自己，而是選擇坦白，並且是非常純粹的坦白。就像「沒有雞肉了」這句話，沒有經過任何語言雕琢或者情緒的過濾，它是如此簡單。**自嘲讓我們看到了說出別人不敢說的話的勇敢，而這樣的人是如此稀有。**

　　當然，並不是任何自我貶低都會帶來有趣。比如公司團隊裡的新人說他的業務能力比較差，這時沒有人會覺得他有趣，只會感到詫異，甚至是擔憂；再比如，朋友談論去 KTV 唱歌，一個人只是說自己五音不全，也不會讓人覺得有趣。這是為什麼呢？

　　我認為成功的自嘲有兩個關鍵。

　　首先，自嘲的內容得是輕鬆的話題，不會為別人帶來任何實際利

---

d 品牌指數，指第三方品牌監測系統長期跟蹤品牌的曝光度、消費者印象值等得出的指標。

e 消費者關注度，指在一段時間內透過各種媒介注意到了某品牌的消費者占比。

益的損失或情感的困擾，即拿出來調侃並無大礙。「業務能力差」在團隊中根本不是一個輕鬆的話題，因為它會直接影響團隊協作或團隊表現。

其次，自嘲需要建立在**反差**之上。透過前後對比產生反差，這樣才會有趣。具體來說，反差有兩種。

· **身分反差**：是指一個人自嘲的內容與他的身分不一致。余華所說的「我認識的字少」和他的作家身分形成反差。布希的成績「C」也與他的總統身分形成了反差。

· **特點反差**：微微拿身材自嘲就屬於特點反差，即人們本以為某個特點帶來的是 A，這個人卻把那個特點連結到了和 A 完全不同的 B。人們本以為微微的身材會成為她的負擔，卻沒想到被她當成了一個利器。

這兩種反差略有區別。前者是一個人從自己的固有身分中跳出來，揭露和身分不相符的某個點，後者是基於某一個特點，從大家看到的 A 面橫向轉移到 B 面。

要實現身分反差，可以借助身分切換（Part 5），即擺脫身分對我們的束縛（例如從總統到普通學生），認識到有些特點（可以自嘲的點）對於某種身分是多麼微不足道；特點反差則需要我們切換看問題的視角（Part 6），看到我們自嘲的那個特點的其他切面。

但不論是哪一種反差，都需要我們對自己進行充分的接納。**當我們把自己那些所謂的缺點，赤裸裸地攤開來給別人看時，人們反而不會那麼認真了。**

自誇

有一次，我去女兒學校參加一個春季朗誦活動，看到她的同學小瑞（化名）穿著一件帶有白色斑紋的紅色洋裝，用一個精緻的髮夾把金黃色的捲髮紮了起來，和平時隨意的裝扮完全不同，顯得格外漂亮。

我便說：「嘿！小瑞，你今天真漂亮！」

沒想到小瑞笑著說道：「是的，我知道呀！」

聽到這樣的回應，在場的好幾位家長都笑了。她居然沒有謙虛，而是毫不避諱別人對自己的稱讚。然而在我們長大後，這種態度變得越來越少。所以除了自嘲，另一種自我調侃便是自誇。

自誇和自嘲看起來完全相反，自誇是往上揚，自嘲是往下貶，但是對於有趣的表達，兩者是相通的，都是一種輕鬆的態度，都有那種像小孩子一樣的沒有「濾紙」的純粹。（還記得 Part 5 提到的「喚醒童真」嗎？）這裡的自誇並不是指盲目自大，那只會讓人厭煩，輕鬆善意的自誇才會帶來好感。

記得有一次我為一家丹麥啤酒公司的學員講授關於數據思維的課程，最後的環節是每個小組基於我設計的商業場景，來做一些數據分析並上臺呈現分析結果，最後由我來進行評估。

最後上臺的一位學員代表讓我印象極為深刻，他說道：「我之所以選擇最後一個上來，是因為擔心如果我先講的話，後面的其他小組就不好意思上來講了。」

聽完這句話，所有人開始哄堂大笑，甚至有人把紙團扔了過去。

他後來的呈現其實並沒有比其他人更出色，但是他當時的自誇並沒有招來任何人的厭惡或不滿。這是為什麼呢？原因很明顯，因為他

的態度十分輕鬆，他完全明白自己並沒有比別人更好，而且臺下的人也知道他明白。因此，雙方都清楚地意識到這只是一種並不嚴肅的調侃。**自誇的有趣不是來自一種高於別人的優越感，反而是敢於把自己變成別人嘲笑的對象**——你這麼普通，居然還敢誇口。這種嘲笑，一方面釋放出了一種親密的訊號——我們之間可以這樣開玩笑卻不會產生誤解，另一方面也是一種欽佩——它讓人們發現自己嘲笑的對象居然敢於如此表達。

金·凱瑞作為好萊塢喜劇演員演過三十多部電影，包括《楚門的世界》等經典電影。在英國電影和電視藝術學院大不列顛獎頒獎典禮上，「查理·卓別林大不列顛喜劇傑出獎」頒發給了金·凱瑞，以表彰他在喜劇上的傑出表現。

金·凱瑞上臺發言時說道：「非常感謝。這非常令人信服（指自己獲獎）。我都快忘記了，自己原來這麼偉大！」

此時，臺下的一眾明星不僅爆發出了笑聲，還不斷尖叫與歡呼。

除此之外，我還看到當時臺下人們眼神中的佩服。這種佩服不僅是對金·凱瑞的獲獎，更多是對他所說的話，因為臺下許多人可能都有過類似的想法，例如：「我應該得獎」、「我真棒」等等。但是，沒有人敢把心裡話說出來，因為這可能顯得不太成熟，或不夠謙虛。當一個人可以把這些擔心真正放下，不怕失去時，他反而有勇氣說出來。所以，金·凱瑞的發言讓人們感到一種對自己內心所顧慮之事的釋放。

2. 為內容上色

有趣的表達在內容上往往不會那麼蒼白，而是有一些巧妙的點綴，就像在 Part 2 提到的泡泡機。

無厘頭的比喻

有一次普華永道公司（PWC）邀請我，希望我聯合他們的幾位合夥人一起做一場直播，為職場的朋友分享關於職業選擇的一些經驗。在直播的最後有一個抽獎環節，我們讓網友在直播間打出他們在那天印象比較深的詞語，然後截圖選取頂端的留言者作為獲獎者。

當我們喊開始後，只見螢幕上出現了一堆「小橋」。

我還問身邊的人：「『小橋』是怎麼回事？」

他們說：「這是你在直播裡說的啊！」

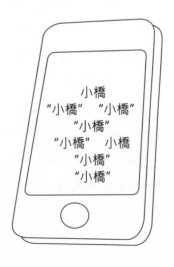

　　我這才回想起來，當時我講到一個觀點：在做職業轉換時其實是可以跨領域的，只不過需要讓面試官看到自己在第一份工作中累積的一些經驗如何能夠為第二份工作所用，這就像在兩份工作之間搭一座小橋。

　　在兩個小時的直播中，我們說了上萬個詞，沒想到大家偏偏對這個詞的印象如此深刻。

　　這應該就是比喻的魅力。如果只說「讓第一份工作中的一些經驗或累積能夠為第二份工作所用」，那麼這就是一個非常抽象、冷冰冰、不會激發任何情緒的描述。但如果連結到小橋上，就很容易讓大家的腦海裡產生一個生動具體的畫面。而且小橋還是一個有溫度的東西，人們可以連結到自己過往的經歷，或是兒時每天上學經過的小橋，或是曾經最愛的小吃所在的小橋，或是自己發生初吻的小橋等。

　　我們無法確保所講的每一個事物本身都是有趣的，然而可以透過連結其他事物，給別人一個新的視角去理解，同時增加表達的有趣性。

　　比喻的英文 metaphor 源自古希臘語中的 meta[f] 和 phorein[g]，其中 meta 的意思是「之後」、「超越」，phorein 是「傳送、傳播」的意思。因此，metaphor 意味著超越了一個事物原有的意義，或者傳遞了新的意義。

　　這樣的例子比比皆是。例如：貓王艾維斯·普里斯萊在歌曲〈All Shook Up〉中用火山來比喻女人的嘴唇，莎士比亞把會被花言巧語哄騙的人比喻成太陽下的奶油，錢鐘書在《圍城》中把情欲比喻為按下

---

f　希臘語為 μετά。

g　希臘語為 φερω。

去又會起來的不倒翁，王小波在《紅拂夜奔》中把人的官腔臉比喻成水牛的臀部等。

不過，倘若我問你「反思就像偏置滑塊曲柄機構」[h]、「勇氣就像是磚頭」這兩個比喻怎麼樣，你一定會想：這是什麼東西？因為這裡的比喻既沒有巧妙地幫助我們理解，也沒有讓我們覺得好玩。

那麼如何讓比喻有趣一些呢？除了在我們想要突出的特點上一定要有關聯（比喻的基本條件），我認為還可以參考三個原則。

一、熟知物

喻體，即我們要說明的事物（例如火山）應該是人們所熟知的。不僅如此，它的特點也應該是人們所熟知的（例如熱）。只有這樣，才能幫助人們更輕鬆地理解我們表達的內容，進而達到建立已知事物和未知事物之間關聯的目的。如果用來比喻的事物本身就很難理解，就需要另外一層解釋，或另外一種比喻。

二、生命物

有生命的事物才有活力，才會激發情緒。這裡是指廣義的生命物，即任何看似有生命的或能夠動的事物。例如，可愛的動物（前文中的水牛、小蝌蚪）、植物、自然現象（前文中的火山、流星雨），甚至兒時的玩具（碰碰車）等，都可以增加有趣性。

三、無厘頭

有時僅僅是生命物帶來的有趣程度還不夠，這時候就可以讓比喻再無厘頭、再荒誕一點，也就是表面上看似不太合理，但仔細品味後

---

h　機械設計術語。

發現確實有相關性，且足以說明問題。比如，我有一支影片的內容主題是「說話要有味道」，即說話要耐人尋味，而我在影片裡面就故意以「榴槤」做類比，因為許多人認為榴槤不太好聞。不過這種荒誕並不影響大家理解，同時還讓大家在笑聲中記住了影片要傳達的重點。在關聯性不受影響的前提下，越無厘頭，越會引發人們的好奇與思考。我的影片裡運用了大量無厘頭的比喻，例如當我在講解「說服技巧」、「情商原則」、「思維模型」等概念時，會借用「大野狼」、「火鍋料」、「硬硬的饅頭」等看似不相關的事物，而這些也是網友津津樂道的話題。

小練習

嘗試為下面的事物找幾個有趣的比喻：

正在生氣的人

腦子裡冒出的一個好想法

- -

- -

因果關聯

- -

- -

誇張的渲染

讓我們做一個對比：假設你朋友在成都吃了一次地道的火鍋，你問他辣不辣，以下哪種說法比較有趣呢？

(A)辣！

(B)辣！整個舌頭都火辣辣的。

(C)辣！辣得我當時簡直想把自己的舌頭給扔掉。

顯然 C 比較有趣。A 是平鋪直敘式的表達，B 在 A 的基礎之上加入了一點渲染，而 C 進行了更為誇張的渲染，因此也最為有趣。這就是有趣的表達和普通的表達之間的區別，即在平實、直白的內容基礎之上加入更鮮活、更具象的描述或形容。

假設在一次論壇上，你向大家解釋大腦的複雜性，下面這句話就是很平實的方式，甚至有些枯燥：

「大腦皮質裡有很多的神經細胞連接線。」

這裡的「很多」對聽眾來說幾乎沒有意義，因為它太過籠統，讓人無法感受到到底是多少。倘若在描述中加入渲染：

「大腦皮質裡有很多神經細胞連接線。如果我們把連接線取出，其長度足以從月球拉到地球，而且還可以再拉回到月球。」

這樣的表達就會更有趣。

理察・費曼在物理課上嘗試解釋量子電動力學的測量精度需要精準到什麼程度時，他如此說道：「就好像當你測量從洛杉磯到紐約的距離時，精確到一根頭髮的厚度。」這同樣遠比「測量會極其精準」生動得多。

因此渲染的關鍵是在表達前提醒自己：怎樣才能夠讓對方更具體、更充分地理解我所說的意思。

以上例子中的渲染是比較準確的，即神經細胞連接線確實如所說的那麼長。想要更有趣的話，我們還可以嘗試在渲染的基礎上加入「誇張」。這裡的誇張並不是指扭曲事實，顛倒黑白，或是把九十％的完成率說成一百％，而是透過開玩笑的方式，對程度進行「伸展」。

比如，當一個人形容朋友講的笑話已經過時了，一種說法是：「這個笑話太老了。」但這不夠有趣，加上誇張則可以變成：「這個笑話太老了，連恐龍都聽過。」

誇張透過一種離譜的渲染賦予表達活力、重量或顏色，從而加深感知，這也是優秀的脫口秀演員都是運用誇張的高手的原因。

具體來講，誇張的渲染就是把一個詞本來的範疇、尺度、數量，擴大十倍、一百倍、一千倍。說一個人肚子「大」，就不如說「肚子裡可以放下十個西瓜」或者「裝下一頭牛」有趣；說「我想好好讚美你」，就不如「讚美你需要一百年」[40] 有趣。

　　當人們聽多了那些陳腔濫調之後，就會產生免疫，而誇張的渲染可以重新啟動人們近乎麻木的神經。就好像舞蹈老師為了讓學生的動作做到位，只說「把手臂伸展出去」是不夠的，而是要說「把手臂伸到窗戶外面去！體會從北京伸到巴黎的感覺！」手臂真的能伸到巴黎嗎？當然不能，但只有這樣描述，學生才能有深刻體會。

　　渲染對表達的意義不僅局限於字面上。比起它所傳遞出的語言意義，更重要的是渲染所表現出來的一種對生活、對世界更為細微的感知和更為熱誠的態度，甚至是一種浪漫主義。試想，倘若沒有更細微的感知，我們只會止步於「辣」這個最簡單的感覺形容詞；沒有熱誠的態度，我們不會進一步思考神經細胞連接線到底有多長；沒有浪漫，我們不會想到讚美需要一百年。

3. 牽引的節奏

我們小時候總是喜歡聽大人講故事，因為故事裡充滿了我們從來沒有見過的場景和未曾想到的情節。那些講話有趣的人能夠牢牢抓住我們的注意力也是同樣的道理。他們用一個又一個的懸念、意外吸引著我們，就像是一條繫在我們大腦上的繩子，緊緊地牽引著我們。無論是一則簡短的笑話，還是一個動人的故事，又或是一部兩小時的電影，都在運用懸念和意外來牽引、控制著表達的節奏。

艾倫・狄珍妮[i]作為第八十六屆奧斯卡頒獎典禮主持人，她的開場是這樣的：「歡迎來到奧斯卡！」

隨後她表情凝重地說道：「這幾天對我們來講非常艱難……」

聽到這裡，臺下的嘉賓以為接下來她要說關於世界和平或種族歧視等問題。

但緊接著她說道：「因為這幾天這裡下雨了。」

臺下的嘉賓這才舒緩開剛剛繃緊的神經，並爆發出了輕鬆的笑聲。這是她在九分鐘的演說裡第一次運用懸念與意外，類似這樣的方法她在後面的時間裡使用了二十餘次。

而 Part 2 提到的梅遜・查伊德，她在一次分享中的開場是這樣說的：「我沒有喝醉，但是接生我的醫生喝醉了。」（當時她的身體在抖動）

這也是一個大大的懸念——怎麼回事？原來是由於醫生的疏忽，導致了她的腦麻。

---

i 艾倫・狄珍妮：美國著名主持人，主持以她的名字命名的《艾倫秀》節目，她是少有的兩度擔任奧斯卡頒獎典禮主持人的人，曾榮獲總統自由勳章。

　　再比如，聽過凱文・哈特講故事的人都會覺得，他可以把任何一件事都講得生動有趣。那麼讓我們來「解剖」一下他的講述。有一次他講了一個關於幫孩子過生日的故事：

　　我不再和那些富人交往了，因為富人只會讓你看到殘酷的現實。

　　有一天一個朋友打電話給我，說他兒子週六過生日，問我願不願意帶我女兒一起去參加生日派對。

　　我說：「好啊，派對在哪裡？」

　　他說：「在迪士尼樂園。」

　　我說：「沒問題。」

　　…………

　　當天我們到了迪士尼樂園後，看到他和他兒子兩個人站在迪士尼樂園的門口，但樂園裡面一個人都沒有！

　　（一些觀眾聽懂了，開始笑起來）

　　我問道：「嘿，你不是說在樂園裡舉行派對嗎？可裡面沒有人啊。」

　　朋友說：「兄弟，今天樂園裡只有我們，我把整個樂園包下來了！」

　　（凱文一副愣住的表情，觀眾笑了）

　　…………

　　然後我趕緊問：「我想先確認一個小問題，呃……你付過錢了吧？因為要是沒付的話，我的錢可能不夠。」

　　（觀眾大笑）

　　…………

隨後我們便在樂園裡玩，而且我一度把五歲的女兒弄丟了，可我一點也不慌。

因為我知道，反正樂園裡沒有別人，我們繞來繞去總會再次遇到。所以我就繼續玩那些只有小孩子才會玩的設施，這樣的話我女兒來玩的時候就能找到我。

（觀眾笑聲）

…………

我們玩得很開心。

但是，殘酷的現實來了！

因為三個月之後，就輪到我女兒過生日了。我是在哪裡辦派對呢？在我家。

當然我也做了很了不起的準備，比如請人來扮演海綿寶寶陪小孩玩。

（觀眾笑聲）

但海綿寶寶惹我生氣了。

因為海綿寶寶的扮演者在休息時，竟然把頭套摘了下來，並在孩子們面前開始抽菸。

（觀眾大笑）

我隨後便上前教訓他：「不要在小孩子面前抽菸！在他們的印象裡海綿寶寶是不會摘下頭套的，也不會抽菸。把頭套戴上！把那該死的菸熄了！」

此時，真正讓我生氣的事發生了。

（非常憤怒的語氣）

因為沒有任何人告訴我，這個海綿寶寶的扮演者是剛剛從監獄裡出來的。

（觀眾大笑）

他對我喊：「閉嘴！我剛從監獄出來，我才不管什麼小孩子呢，我需要賺錢。」

當我聽到「監獄」兩個字後，我的態度發生一百八十度大轉變。

我說：「你誤會啦，我並不是說你不能抽菸，你當然可以抽呀。我的意思是說你別把煙吹到小孩子的臉上就行，你可以朝上吐煙呀。我知道你剛從監獄出來，你想抽就抽吧。這樣好了，你乾脆給我一根，我們一起抽！」（非常懦弱的語氣）

（觀眾狂笑不止）

…………

這個只有六分鐘的小故事在 YouTube 上有著幾百萬的觀看數，那麼這段講述裡面有哪些元素吸引著人們一直聽下去呢？

在我們解剖故事之前，先來看一看講故事大師，同時也是兩百多位奧斯卡及艾美獎編劇獲獎者的培訓師——羅伯特・麥基先生是如何看待推進一個好故事的關鍵要素的。他提到兩個關鍵，一個是衝突，另一個是期望悖反。[41、42]

一、衝突

指那些看起來不協調、不合理、不平衡的狀態，例如，一個人生病了（健康／病痛），要創業了資金不夠（成功／失敗），洪水即將淹沒村莊（平靜／災難），心愛的人卻讓自己傷心（愛／恨）等。衝突帶來懸念，而懸念會讓我們好奇接下來會發生什麼。

二、期望悖反

指事情的發展和我們的預期截然不同，這種不同既可以是負面的，也可以是正面的，總之是意料之外。

一段吸引人的表達，不論長短，我們都可以從中看到這些要素：衝突帶來的懸念就好像是路上突如其來的一團迷霧，我們急切地想知道前方到底是什麼；意外則像是忽然出現的一個轉彎，把我們帶到了預料之外的風景中。

好，讓我們再次回到凱文·哈特的故事中並將其解剖，這次我會標注出裡面的懸念與意外：

我不再和那些富人交往了，因為富人只會讓你看到殘酷的現實。

（設置懸念：為什麼會把生活弄糟？有什麼不殘酷的現實？）

有一天一個朋友給我打電話說他兒子週六過生日，問我願不願意帶我女兒一起去參加生日派對。

我說：「好啊，派對在哪裡？」

他說：「在迪士尼樂園。」

我說：「沒問題。」

．．．．．．．．．．．．

當天我們到了迪士尼樂園後，看到他和他兒子兩個人站在迪士尼樂園的門口，但樂園裡面一個人都沒有！**（設置懸念：為什麼裡面沒有人？）**

我問道：「嘿，你不是說在樂園裡舉行派對嗎？可裡面沒有人啊。」

朋友說：「兄弟，今天樂園裡只有我們，我把整個樂園包下來

了！」（設置意外：一般人都是買票和其他人一起玩，朋友卻是包場。）

．．．．．．．．．．．．

然後我趕緊問：「我想先確認一個小問題，呃……你付過錢了吧？因為要是沒付的話，我的錢可能不夠。」（設置意外：一般人是不會這麼問的。）

．．．．．．．．．．．．

隨後我們便在樂園裡玩，而且我一度把五歲的女兒弄丟了，可我一點也不慌。（**設置懸念：為什麼不慌？**）

因為我知道，反正樂園裡沒有別人，我們繞來繞去總會再次遇到。所以我就繼續玩那些只有小孩子才會玩的設施，這樣的話我女兒來玩的時候就能找到我。（**設置意外：大人居然玩小孩子的設施，而且是為了找到小孩子。**）

．．．．．．．．．．．．

我們玩得很開心。

但是，殘酷的現實來了！（**設置懸念：什麼現實？**）

因為三個月之後，就輪到我女兒過生日了。我是在哪裡辦派對呢？在我家。（**設置意外：朋友包下迪士尼樂園，我卻在自己家裡辦派對。**）

當然我也做了很了不起的準備，比如請人來扮演海綿寶寶陪小孩玩。（**設置意外：所謂的「了不起的準備」，原來只是請人來扮演海綿寶寶。**）

但海綿寶寶惹我生氣了。（**設置懸念：為什麼海綿寶寶會惹他生氣？**）

因為海綿寶寶的扮演者在休息時，竟然把頭套摘了下來，並在孩子們面前開始抽菸。

（設置意外：海綿寶寶是很可愛的形象，他卻在抽菸。）

我隨後便上前教訓他：「不要在小孩子面前抽菸！在他們的印象裡海綿寶寶是不會摘下頭套的，也不會抽菸。把頭套戴上！把那該死的菸熄了！」

此時，真正讓我生氣的事發生了。**（設置懸念：什麼是真正讓他生氣的事？）**

因為沒有任何人告訴我，這個海綿寶寶的扮演者是剛剛從監獄裡出來的。

（設置意外：那個可愛的海綿寶寶居然在前幾天還是個罪犯。）

他對我喊：「閉嘴！我剛從監獄出來，我才不管什麼小孩子呢，我需要賺錢。」

當我聽到「監獄」兩個字後，我的態度發生一百八十度大轉變。**（設置懸念：如何轉變的？）**

我說：「你誤會啦，我並不是說你不能抽菸，你當然可以抽呀。我的意思是說你別把煙吹到小孩子的臉上就行，你可以朝上吐煙呀。我知道你剛從監獄出來，你想抽就抽吧。這樣好了，你乾脆給我一根，我們一起抽！」

（設置意外：先前強硬的口吻對比這裡懦弱的態度。）

…………

我們可以看到凱文·哈特運用了大量的懸念與意外，從而讓這個故事比平鋪直敘式的講述要有趣得多。雖然我們不是脫口秀演員，也

不是好萊塢編劇，但是，這些底層的邏輯同樣適用於增強日常表達的有趣性。

意外可以更細緻地分為三種不同的類型。

一、發展方向

指當人們以為事件會朝著 A 方向發展時，你卻說朝 B 方向發展。例如當你在一個非正式場合做自我介紹時，本來打算說：「那次的經歷曾讓我一蹶不振。」這時就可以設置一個意外：「難道你們以為我跌倒了就爬不起來了嗎？哈哈哈你們猜對了。」這句話的前半句會讓別人以為你爬起來了，結果卻是沒爬起來。

二、原因

基於某結果或某狀況，給出一個大家沒有預料到的原因。比如艾倫・狄珍妮說的「這幾天對我們來講非常的艱難（懸念），因為這幾天這裡下雨了（原因）」就是大家沒想到的。

三、指代對象

是指人們原本以為表達的重點是 A，而你指的是 B。例如吉米・金摩在一次頒獎典禮上調侃臺下的嘉賓：「我們並不會因為你來自什麼國家而歧視你……只會因為你的年齡和身材而歧視你。」（他說的「歧視」只是調侃，完全在臺下聽眾的可接受範圍內）這裡對一個人歧視的因素從「國家」變成了「年齡和身材」。

小練習

回憶最近發生的一件事情以及最後的結果,並寫下來。

(例如:我上週去應徵播音員,結果失敗了。)

假設你要向別人轉述這件事情,嘗試在開始時加入懸念,並在中間增加別人難以預料的意外,最後再道出真正的結果,你會怎麼說呢?

---

4. 投入角色

那些講話非常有趣的人還有一個不易被察覺的特點,這關乎他們以什麼樣的方式和角度講話。例如:當他們描述一位小女孩在和爸爸撒嬌時,往往會真的用小女孩的口氣說話;當他們講述一個酒鬼在馬路上發飆時,也會像酒鬼那樣胡言亂語。他們並不是以第三人稱的角度在轉述,而是把自己代入那個角色,並以角色應有的狀態講出來。就像崔弗在講半夜上廁所的故事時,他會用語氣和表情來重現當時自己害怕的情緒;在他說到用俄式英語為自己壯膽時,也會真的用很神氣的語氣邊走邊說;當他講看到一條充滿怒氣的眼鏡蛇時,他的臉部

表情就是眼鏡蛇的表情。

　　為什麼這樣的表達會使我們覺得更有趣呢？試問，如果可以實現，你比較願意聽人講《西遊記》中的故事，還是比較願意親自穿越到孫悟空以及豬八戒的身邊，感受他們的一言一行呢？答案想必是後者，因為後者更加真實、鮮活。

　　所以，表達越是能夠還原真實的場景、人物、情緒等，就會越有趣。這需要表達者的投入，就好比歌手或演員越投入，我們越會被吸引一樣。

　　田老師是我讀小學時參加的樂團的指導老師之一，有一次排練《梁山伯與祝英台》，在我們的演奏開始之前，他先帶著大家熟悉了一下這個民間故事。當時他的講述緊緊地吸引住了我們，因為他並不是單純地像個局外人一樣給我們介紹劇情，而是一會化身為梁山伯，一會化身為祝英台，用他們的狀態和語氣對話。剛開始我們都在笑，但後來所有人都沉浸在了故事中。如講到「十八相送」這一段，即兩人同窗三載之後，梁山伯送祝英台回家，祝英台一路暗示自己的真實身分並對梁山伯表達愛意時，田老師用略帶羞澀的口吻說道：「英台若是女紅妝，梁兄你願不願配鴛鴦？」而講到祝英台被迫出嫁，狂奔到梁山伯墓前去祭奠時，他又撕心裂肺地大喊道：「沒有你，你叫我如何面對這一世的孤寂！」

　　田老師的講述完全把我帶入了那個故事與畫面，而且第一次讓我感受到一個人在講故事時居然可以帶來如此大的力量。儘管他講的是個悲劇，我卻依然覺得有趣，因為他帶給我們的是一種全方位的衝擊，已經超越了語言本身。

要做到投入就要遮罩掉心裡的顧忌（Part 5），然後把自己變身成故事中的當事人，想像他的感受、神情、語氣等，再盡最大可能把這些還原出來，從而讓聽眾無限地接近角色。這種帶著投入去還原真實的表達，不應該僅僅是舞臺上的演員的追求，還應該是所有表達者的追求。

本章所講的四個要素是從不同的維度提升表達的有趣性：在態度上，我們可以更輕鬆，對自己不那麼認真；在內容上，透過渲染對表達進行有想像力的或誇張的點綴；在節奏上，用懸念和意外緊緊牽著聽眾，一會進入「迷霧」，一會突然「轉彎」；在角度上，要變身為故事中的角色，帶著聽眾去穿越。

Part 8
密碼四：行事

　　讓我們來到大樹樹冠的另一側——行事。無論是一件小事情，還是大型專案，又或是個人發展等，從做事的方式和選擇做什麼來看，以下五大行事原則可以幫助我們實現有趣。

1. 形式的魔術方塊

　　亞里斯多德在「形質說」中提出，任何一個物體都是由質料和形式構成。[43] 前者是物質性的存在，後者是前者組成的方式。比如，木材就是質料，在這些木材被做成特定的形狀，並組合起來後，就可以變成一個木馬或木豬（形式）。拉鍊、布料、釦子、棉線是質料，它們以特定的形式既可以組合成背包，也可以組合成夾克。相同的質料，可以有不同的形式。

　　該理論同樣適用於行事。

　　我們做的每一件事，無論大小，都是由若干元素構成，儘管有些不是物質性的存在，但等同於形質說中的質料。比如我們做一道菜的元素包括：食材、分量、烹飪方法、擺盤等；我們唱一首歌的元素包括：選曲、唱法、音調、伴奏、情緒等。這些元素可以多種形式進行組合，最終呈現出完全不一樣的歌曲演繹。

在行事方面，變有趣的一種方式就是：基於行事所需的元素，改變其中某些元素或元素的組合形式。這就好像魔術方塊上有不同的色塊，我們需要轉動魔術方塊，組合成不同的圖案。

轉動形式的魔術方塊，需要兩步。

一、解構

什麼是解構呢？讓我們找個可愛的東西作為例子，比如挖土機。假如我們對挖土機進行解構，它可以分為三個部分：車體、底盤、工作裝置。再進一步解構的話，它包括：

- 車體：駕駛室、旋轉檯、發動機、油箱、電子零件、液壓油箱等。
- 底盤：履帶架、履帶、引導輪、支重輪等。
- 工作裝置：動臂、斗杆、鏟斗、液壓油缸、連杆等。

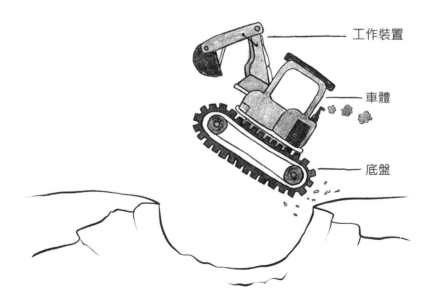

　　這樣我們便清楚地知道了挖土機的每一個組成部分。（你可能發現了這和上個 Part「認知」之間的關係）

　　因此，解構就是基於事物的結構，拆解出各個組成部分的過程。當然實物（挖土機）的解構往往比較容易，因為實物的結構與組成元素（挖土機的構造、零件）都是肉眼可見的。倘若我們要解構我們所做的事，因為其通常包含著抽象的元素，所以會更複雜一些。例如：演奏鋼琴、撰寫商業企畫、召開研討會、製作短影片等事情的解構就不太直觀，如下表所示。

　　知道有哪些色塊，即元素，是轉動魔術方塊的基礎。

不同事物的解構

事物	解構
演奏鋼琴	旋律、音色、顆粒感、強弱、節奏等
撰寫商業企畫	市場概況、競爭分析、客戶需求、產品介紹、商業模式等
召開研討會	主題、時間、形式、地點等
製作短影片	內容、佈景、演繹形式、裝扮、背景音樂、特效等

二、變換

　　知道瞭解構後的元素，接下來我們便可以針對其中某些元素進行大膽的變換。相信很多人都聽過〈卡農〉這首鋼琴曲，有天晚上我隨便搜尋到了一個版本便開始播放，希望能夠助眠，但沒想到越聽越清醒。由於該版本實在太特別了，害得我半夜爬起來去找現場影片，看到底是如何彈奏出來的。

後來我發現，在演奏中，那位年輕的鋼琴家將一把鋼尺放到了琴弦上。由於琴弦在震動時，會帶動鋼尺跟著一起震動並拍打琴弦，這樣彈出來的聲音帶著一種特殊的金屬質感。她彈奏的節奏也和原先的古典版本不同。她使用了爵士樂的技法，沒有踩著拍子彈每個音符，而是讓音符出現在了一些很「曖昧」的位置，或早一點，或晚一點，調皮又不失流暢。同時，她也改變了一些旋律，用了更多的半音。後來我得知這位鋼琴家曾獲得葛萊美獎，她的名字是上原廣美。

這段演奏的本質，其實就是基於鋼琴演奏的元素，玩轉形式的魔術方塊。

- 變換音色——從常規琴弦的聲音到金屬感的聲音。
- 變換節奏風格——從古典樂到爵士樂的節奏。
- 變換音高——在原來旋律的基礎上，改變了部分音符的高低。

音樂形式的變換給人耳目一新的感受。

我遇到的一位大學教授也喜歡玩「形式的魔術方塊」。與許多人一樣，我一直比較害怕考試或課程答辯這類事情。但是，他的課程答辯讓我最難忘。

在讀 MBA 期間，我大概上了十八門課，每門課結束時都需要進行答辯。而大部分的課程答辯都是由老師出一個案例題目或者我們自選一個題目，然後基於這個題目做一個小專案或者寫一份報告，有的課程需要我們在課堂上把成果交給老師。不過，保羅·赫希教授沒這麼做。

保羅教授是我在美國西北大學交換期間講授「商業道德」課程的老師，他是一位六十多歲的老人，髮如銀絲，卻有著和年紀不相符的

活力。在那門課程的答辯中，出乎意料的是他並沒有出題目，而是要我們自己選一本和課程相關的書，並花一個星期讀完。具體是什麼書由我們自己定，但必須是他沒讀過的。最後，我們還需要向他講這本書，讓他聽懂並接受他的提問。更意外的是，講書的地點不是在教室，而是他家。

我清晰地記得，去保羅教授家裡的那天，是芝加哥冬季裡難得的一個陽光明媚的日子。去的路上，我有一些緊張，因為貪玩，所以我沒有準備得太充分。敲門後，一位慈祥的老太太面帶微笑地迎了上來，那是保羅教授的太太。保羅教授的家是一棟兩層的小別墅，地上鋪著紅棕色的地毯，牆上是一些有年代感的油畫，屋內的木質傢俱散發著特殊的香氣。這時教授從樓上走下來：

「金博，準備好了嗎？」

「準備好了。」我心虛地說道。

他把我帶到了他的書房，我們面對面地坐在絨布沙發上，這時他的太太端來了顯然是早就準備好的紅茶與餅乾。

天吶！這哪是答辯，這簡直是做客啊！於是我拿起一塊最大的餅乾塞到了嘴裡，而我的緊張也消失了一些。

「我迫不及待地想聽一聽你從這本書裡得到了什麼，我現在是你的學生。」教授滿懷期待地看著我。隨後，我便把我能記起來的所有內容以及我的一些看法講給他聽。

「書裡有什麼你不同意的地方嗎？」、「你會推薦給別人讀這本書嗎？為什麼？」他又拋出若干問題，但他並沒有刁難我，甚至不是用老師的口吻，而是帶著真誠的好奇，我們之間已然變成了一種聊天

與探討。說實話，我已經記不清我具體說了什麼，因為當時的我完全沉浸在了那種愉悅輕鬆的氛圍中，而這種愉悅已經遠超過了書的內容本身，如今我仍然時不時地回想起那次經歷。

與眾不同的保羅教授到底做了什麼變換，讓那次答辯如此令人難忘呢？將普通的答辯解構後，包括：選題、作業要求、作業交付形式、地點、老師和同學的參與形式等。但保羅教授幾乎把每個元素都替換了：選題從案例題目變換成了學生自選的書；作業交付形式從寫報告、講報告，變換成了分享讀書體會；交付地點從教室變換成了溫馨的家裡；參與形式從「一對多」變換成了「一對一」的談話。所有這些，給了我一個全新的「魔術方塊」圖案。

我們不可能每個人都成為上原廣美那樣的鋼琴家或保羅先生那樣的大學教授，但他們透過玩轉形式帶來有趣的方式，在任何類型的事情上都是適用的。

我回想自己做自媒體的歷程，其實流量的增長出現過好幾次停滯，而每一次的重新增長幾乎都是因為影片形式的變換與創新。把自己裝扮成卓別林，從說話到默劇，拍攝背景從白牆轉到真實的餐廳，從大人的口氣變成孩子的口氣，這些都是對構成影片的元素進行了變換。

後來，湖南衛視邀請我去錄製節目那一次，導演明確提出希望我拿出影片中的有趣形式——在講知識的過程中加入表演。因此，在講「職場中如何聽懂弦外之音」這個話題時，我插入了主持人杜海濤與我表演的一個小短劇，從而讓整個節目內容更豐滿。而知識平臺「樊登讀書」找我去錄製講書節目的時候，編導也同樣問我：「除了講書，

能不能演一演？」就這樣，我成了「樊登讀書」平臺上首位在講書時又表演又吹奏樂器的嘉賓。

　　所有這些，只不過是因為轉動了「形式的魔術方塊」。

小練習

將自己正在做或者希望做的一件重要的事情進行解構，並列出所有元素。

針對每個元素，思考它們都有哪些轉換的可能，並轉換為不同的形式。

1　［　　　　　　　］　→　［　　　　　　　］

2　［　　　　　　　］　→　［　　　　　　　］

3　［　　　　　　　］　→　［　　　　　　　］

4　［　　　　　　　］　→　［　　　　　　　］

5　［　　　　　　　］　→　［　　　　　　　］

2. 遊戲般玩耍

作為一個愛吃蛋糕的父親，我會經常陪女兒去參加她朋友的生日派對。在生日派對快結束時，往往會有一個環節：當天過生日的小主人都會送朋友一份伴手禮作為感謝，收到伴手禮的小夥伴會很開心。一般來說，這個環節並沒有什麼特別之處。

不過，在一次生日派對中，這個環節變成了當晚氣氛的高潮。

我當時正在一個角落裡用電腦辦公，突然聽到了一陣陣的吶喊和歡呼。怎麼回事？我連忙跑過去，發現：首先，伴手禮並不是放在桌子上由小主人遞給大家，而是裝在了一個密封的大大的牛皮紙袋裡，並且袋子用繩子吊在了天花板上。然後，小朋友們排著隊，輪流走到袋子前面用棒球棍敲打袋子，每人打一下，看誰能夠成為把這個袋子打破的小英雄。這樣等袋子被打破時，伴手禮也會掉出來。同時，小朋友們還被告知袋子裡面的伴手禮各不相同，最終拿到什麼取決於可以搶到什麼。

這個派對簡直變成了一個「戰場」，每個小朋友都勁頭十足，使出全身的力氣輪流敲打那個袋子，「啊！」、「呀！」、「快打破它呀！」足足十分鐘，我看都看累了，他們卻還沒累。

終於，牛皮紙袋子「蹦」被打破了，伴手禮撒落一地，孩子們則開心地趴在地上搶自己喜歡的禮物。

為什麼這次贈送伴手禮環節會如此有趣？因為簡單的贈送禮物環節變成了一場遊戲。

人生來就喜歡玩耍，每個人都有一份童真。把本來無趣、乏味的事情轉變成遊戲，不僅會給人帶來新鮮感，還會喚醒人們的童真，甚

至還會激發人們的英雄品質，即透過不斷的嘗試，戰勝困難，期盼勝利。

四 C 原則

當然，喚醒人們的童真不僅僅是透過遊戲或玩耍這麼簡單。那麼為什麼一件事情能夠讓人們感覺像遊戲一樣呢？我認為有四個關鍵要素，我將其總結為「四 C 原則」。

一、挑戰性（Challenging）

就像遊戲一樣，要設置一些有一定難度的任務，例如：訊息量更大，耗費更多體力，需要更多次的嘗試等。總之，要超出日常的體驗，只有這樣才能激發人們的好奇與專注。但是，難度要適當，不能太大，以至於人們完全看不到希望。如在「棒打紙袋」活動中，雖然孩子們無法輕易地得到禮物，但是經過幾十次的敲打，他們確實有機會得到禮物。具體來說，挑戰可以來自時間壓力（如從一天變為一小時）、數量要求（如一小時內做完多少件）、複雜度（如查出從北京到倫敦的所有海陸空交通路線）等。

二、競爭性（Competitive）

競爭會讓參與者更有激情，會把大家的神經調動到一個新的高度。「棒打紙袋」中的每個小孩子都希望自己是首先打破紙袋的人，並且最後可以比別人先搶到更好玩的禮物，這表現的就是競爭性。

三、無代價（Costless）

哪怕失敗，也不會造成太嚴重的後果，這樣氛圍仍然是輕鬆的。比如，如果對那些沒有打破紙袋的小孩子實行懲罰，讓他們把自己的

書包留下，那麼遊戲的性質就完全變了。遊戲可以有懲罰，但是要在人們可接受的範圍內。

四、慶祝（Celebrate）

遊戲最後需要有獎賞，或其他值得歡呼的東西來慶祝。如果說挑戰性和競爭性是過程的意義，那麼慶祝就是結果的意義。在紙袋被孩子們打破的那一刻，散落一地的禮物作為獎賞為這次遊戲畫上了圓滿的句號，就像遊戲中的超級瑪麗歐打敗怪獸後最終見到公主一般。我們設計的慶祝形式可以是實物獎品，也可以是令人興奮的體驗，比如一場期待已久的旅行，總之它最好是生活中不常見的東西。

在思維訓練課上，我有時會讓大家來討論：優化一個工作方案需要哪些思考步驟。通常在提出這個問題後，我會讓每個學習小組進行討論，然後分享他們的觀點。而有一次，我可能是因為上課前聽了〈紙飛機〉那首歌，突然心血來潮，所以並沒有直接提問，而是讓學員先玩一會紙飛機遊戲。

首先，我把學員分成若干小組，讓大家以小組為單位在規定時間內摺紙飛機，摺好之後，看哪個小組可以把紙飛機扔得最遠。每個小組有兩次機會，在第一次試飛完之後，小組內可以進行一輪討論，優化方案後再進行第二輪的正式比賽。比賽結束後，我會給獲勝小組一份獎品，並讓大家基於遊戲的體驗來思考之前提出的問題：優化一個工作方案需要哪些思考步驟。

意外的是，這次形式帶來的效果和以往純問答形式帶來的效果相比完全不同。所有學員都像生日派對上的那群孩子一樣勁頭十足，大家一邊為了獲勝爭分奪秒地進行試飛、討論，一邊又享受著這個競爭

的樂趣。最終，每個人不但都積極地參與到紙飛機的比賽中，而且隨後也爭相分享他們對於該問題的體會。一個小小的「遊戲化」改變，使一個本來平平無奇的環節發生了質變。

把事情遊戲化，讓大家玩耍起來，並不是不切實際的東西，因為一件小事也可以基於「四 C 原則」進行巧妙的設計，從而變得更有趣。

思考

假設在一次團隊會議中，大家希望運用頭腦風暴的方式來產生一些新的產品創意，可以如何基於「四 C 原則」進行遊戲化？

2.「月光」下的事

前幾個篇章提到的那些有趣的人，有些人在做某一件事的時候展現出與眾不同的方式或視角，有些人的有趣則表現在多面性上，即在不同的事情上都有熱情與建樹，這就需要額外的精力去探索、去尋找另一面。

英語單字「moonlight」（月光）作為動詞，意思是在主業的基礎上再做一份兼職。我覺得這個詞很貼切，因為很多時候，要探索自己的另一面，往往需要在結束一天的工作後，頂著一束「月光」去做。

　　例如，大衛・所羅門（蘇德巍）白天是投資銀行的 CEO，晚上則是酒吧的 DJ[a]。作為高盛集團[b]的首席執行官，大衛的工作時間大概和他的收入一樣，已遠超大部分人。可是，他仍然會在工作之餘出現在各種酒吧、俱樂部、音樂節等場合進行現場音樂表演。他在 Instagram 的帳號甚至沒有透露自己真正的職業，以至於許多粉絲都不知道他還有「高盛 CEO」的這個身分。除此之外，他還把一些經典老歌重新進行混音，製作成電子舞曲發布到全球最大的線上音樂平臺之一──Spotify 上。他混編的單曲〈Don't Stop〉已經有八百萬次播放量，他的帳號也有著五十多萬的月活躍聽眾。

a　DJ 全稱為 Disc Jockey，也叫作唱片騎師，負責播放音樂、刷盤、混音。
b　高盛集團是全球最大的投資銀行之一。

　　他的音樂造詣是否達到專業水準已經不是最重要的了，重要的是，他在工作之餘仍然懷有去探索的心。這種額外的精力與時間的付出，對許多人來講並非易事，然而，由此體驗到的世界也是更多維度的。就像大衛自己說的，工作外的愛好可以帶來生活上的平衡。對他來講，做 DJ 時音符與節奏帶來的樂趣，是日常工作中的財務數字、併購上市等事情無法替代的。他讓人們看到了一個更為立體、有趣的人。這些都是「月光下的事」。

　　我回想自己在職業生涯中的幾次關鍵轉型，從諮詢顧問一步步到現在的培訓師以及影片自媒體創作者，這些大都不是立刻發生的，而是從「兼職」逐漸演變而來的。

　　記得當初我還是一名諮詢顧問時，就有朋友問我願不願意去大學做一些關於如何進入諮詢行業的分享。當時我其實並不知道自己是否喜歡這件事，更沒有料到講課會成為我幾年之後的職業。只不過我覺得嘗試一些新的事情總是好的。所以，儘管那段時間我平均每週工作八十個小時左右，我還是決定去試一試。

　　我第一次做分享是在北京外國語大學，也是在「月光」下──學生晚自習的時間。那次不是正式的講課，而是學生可以自由報名的沙龍活動，時長只有一小時，最終只來了二十幾人。但沒想到的是那短短的一小時，給了我在做諮詢顧問時完全沒有過的感覺：雖說前一天晚上我準備到了半夜兩點，但是在分享的時候，我的狀態異常放鬆，沒有強烈的目的，沒有太多的約束，而是享受著整個過程。

　　那次的經歷為我打開了一扇窗，從那扇窗照射進來的光異常地耀眼。隨後，我便開始尋找更多講課的機會。例如：去清華大學和學生

講諮詢顧問的思維方法，和國外大學的中國遊學生[c]講中國市場的特色等。這些事情幾乎都集中在晚上或者週末，然而我並沒有問過自己「這次要不要去」、「這次的酬勞夠不夠高」，因為這些事情帶給我的從未有過的感受，早已替我回答了這些問題。

這一段經歷對於我後來決定轉型去創業做培訓師，發揮了關鍵性作用。後來，我開始做影片自媒體也是一樣，我並沒有把它當作自己的工作或業務，而是帶著嘗試的心態，利用業餘時間去體驗：一方面體驗那些新鮮事物本身，另一方面體驗自己在這件事情中得到的延展。最終，它逐漸把我推到了更加正確的位置上。

那麼「月光下的事」和有趣有什麼關係呢？表面上看，它和有趣並不直接相關，但它像一個小小的挖土機一樣，幫助我們發現並挖掘那些可以帶來有趣的東西。

「月光」帶來什麼

「月光下的事」除了能帶來表面的體驗，還會深入認知與內在系統。

一、豐富認知

Part 6 我們就講到有趣需要認知的廣度，以及不同領域的認知融合等。而在我們做了一些和當下工作非常不同的事情後，如從投資到DJ，從諮詢顧問到大學講師，它們往往會幫助我們打開對新領域的認知，進而與已有的認知融合。

---

c 中國遊學生，指一種短期專案，國外學生到中國參觀企業，並到與中國合作的大學聽課。

　　倘若不去嘗試，這種透過體驗獲得的認知可能永遠不會被發現。比如，在嘗試做影片自媒體之前，我對於相關領域的認知幾乎為零。然而一年之後，我對於影片在不同平臺的營運規律、商業合作，以及與電視綜藝的聯動、與線下社群的聯動等都有了認知。這些認知在當今的任何行業都有其價值，這便是新的嘗試帶來的認知價值。

二、激發隱藏特質

　　一個人的特質並不是每天都在被調用，無論是童真，還是口才，又或是幽默等特質的激發和發掘，都需要特定的場合。只有當我們不斷嘗試不同的事情時，一些特質才能夠被激發出來，進而被自己或別人發現。

比如，在做諮詢顧問的時候，我不可能在企業高階主管面前耍寶、跳舞、賣萌，因為在嚴肅的場合下，做出這類行為的風險很高。但當我做講師講課的時候，我在學生面前可以更自如一些，因為輕鬆的場合對我童真的一面更加寬容，這間接幫我發現了自己的這一特質。再比如，Part 3 中的那位演講冠軍女學員，她也是透過那次經歷才意識到大家非常欣賞她的幽默。

我們的特質不是馬路上的硬幣，低頭便可見，而像是埋藏在地表下的鑽石，需要我們到不同的地域向下挖掘。

三、拓展內心邊界

在 Part 5 我們提到有趣需要放下自我、切換身分、放大缺點等，這些都是內在系統層面的東西，都需要我們破除內心固有的信念和對自我身分的固化認定，如「別人一定會關注我」、「我不能有缺點」等，這些都是我們為自己樹立的邊界。

當然，破除內心的邊界確實不易。比如當老闆一再指出我們身上的某個缺點時，我們很難告訴自己無所謂。當我們總是以單一的身分生活時，就很難調用其他身分。然而，當我們跨到一個完全不同的場景時，就會自然地拓展我們內心的邊界。就好像某人每天都穿著柔軟的拖鞋走在家裡的大理石地板上，而當他需要光著腳踩進泥巴裡時，才發現原來自己並不總是需要穿著拖鞋，原來自己本以為的髒兮兮也有好玩的一面。

做「月光下的事」，即在業餘時間嘗試一件事情所能帶給我們的改變，是我們僅僅透過聽別人講或者看別人做不能達到的。還記得 Part 3 我們提到的「神經可塑性」嗎？只有我們自己的親身經歷才會改

變神經元之間的連接，進而真正改變自己。根據生物學及神經學領域的最新發現，神經元機制不僅僅是簡單的記憶過程，還是一種生存需求，一種進化策略，即當我們進入特定的環境時，如果一種能力更有利於我們在該環境下生存，它就會被不斷強化，而其他不相關的能力就會被拋棄。[44] 就好比當獵豹在追你時，大腦不會幫你記住數學公式，而會提高你的跑步速度。「月光下的事」會影響大腦運行的程序，一方面讓我們更加多面、立體，另一方面間接影響我們的認知和內在系統。

痛苦原則

　　那麼究竟該嘗試什麼樣的副業或兼職呢？我的建議是，在選擇時可以參考以下五個「不同」，至少滿足其中的一個「不同」。這五個「不同」的英文單字首字母組合起來恰好是「PAINS」，即痛苦。我認為這正好代表了「月光下的事」的另一面——「月光」除了可以帶給我們前面提到的價值，還一定會伴隨著不適、壓力、痛苦。但我認為這種「痛苦」和前面提到的「價值」比起來微不足道。

一、夥伴（Partner）不同

　　和松鼠做夥伴一起找堅果，會讓我們學到原來藏匿堅果還有這麼多的學問；和小溪做夥伴一起去旅行，會讓我們發現原來沿途還有如此罕見的風景。因此，與什麼樣的夥伴一起做事至關重要，他們會直接帶給我們新的認知或是有意義的建議。

　　這裡說的夥伴是廣義的，他可以是事情的負責人、老闆、團隊成員、合作對象等。當然，我們去嘗試新事情時的合作夥伴，最好與日

常工作中相處的人有所區別。比如，這些夥伴有著不同的經歷、不同的教育背景、不同的專業背景，甚至不同的文化背景等。

二、受眾（Audience）不同

你需要面對的人或交流對象（如聽眾、客戶等）和日常工作中的受眾不同，這樣才能從他們那裡得到和日常不一樣的回饋（正面或負面）和啟發。

比如，大衛的受眾從金融白領或企業高階主管，變成了酒吧青年或音樂愛好者。我去大學講課時，受眾從企業高階主管變成了大學生，前者會告訴我：「小朱，你建議的這個商業決策，缺乏讓我信服的資料佐證。」或者「小朱，你做的五年市場預測很精準！」而大學生會說：「老師，能不能幫我們把這個方法解釋得更通俗一些？」或者「老師，你今天上午對我的肯定能讓我高興半年了！」兩者是如此不同。

三、行業（Industry）不同

接觸一個不熟知的行業，會幫我們拓展對該行業的發展趨勢、競爭格局、商業模式等方面的認知，這是最直接的益處。另外，不同行業還有著許多其他的不同，例如：對人的要求不同（如有的行業需要共情能力強的人，有的行業需要資料分析能力強的人）、工作節奏不同（如製藥行業的工作節奏較慢，網路行業的工作節奏較快）、體驗不同（如有的行業需要各地奔波，有的行業則需要廣泛閱讀）等。這些不同都可以從各個角度豐富我們的認知，並讓我們得到錘煉。

四、性質（Nature）不同

同一行業裡有著不同性質的工作，這不一定是指具體的職位或崗位，而是指從做事的角度來看，工作的性質更貼近什麼，更需要什麼

能力，例如：研究性質、銷售性質、採訪性質、交際性質、創意性質、技術性質等。不同性質的事情，會調動我們不同的能力。

五、嚴肅度（Seriousness）不同

　　不同的場合對於嚴肅度的要求是非常不一樣的，比如籌備醫療行業的專家學術研討會和帶領小孩子去植物園賞花，這兩件事情的嚴肅度不同，而這會在很大程度上影響我們如何發揮。因此，我們可以盡量選擇嚴肅度和原本工作不同的事情。

　　在「痛苦原則」下，我們選擇的事情所滿足的「不同」的條件越多，挑戰也越大，因為這意味著我們離自己所熟悉的狀態越遠。但是，離所熟悉的狀態越遠，我們就越能夠發現隱藏在深處的潛質，越能延伸認知，同時讓我們自身更立體。

海蒂‧拉瑪 [45]

　　海蒂·拉瑪出生在奧地利，她十二歲在維也納的選美比賽中獲勝後開始拍電影，隨後進入美國好萊塢發展，並拍攝了二十幾部米高梅和華納公司的電影，成了當紅女星。

　　這並不是她的全部。她在業餘時間一直喜歡嘗試各種小發明，如溶於水後可製成碳酸飲料的藥片、交通號誌燈等。第二次世界大戰期間，在得知美國海軍的無線魚雷訊號容易受到敵軍干擾而偏離航線後，她聯絡她的鋼琴家朋友，基於鋼琴彈奏裝置的原理發明了跳頻技術。與普通的定頻技術相比，跳頻技術下的通信更加隱蔽，更難以被干擾。這項技術被授予專利，並且若干年後被應用在了海軍艦艇上，而且今天幾十億人都在用的藍牙和無線網路通訊技術都是基於該技術的發明。

　　二〇一四年，海蒂被列入美國發明家名人堂。為紀念她，由天文學家卡爾·威廉·萊因穆特發現的三二七三〇號小行星，以她的名字命名，「三二七三〇 Lamarr」被永遠地掛在了太空中。

3. 混搭的火花

　　行事的另一種有趣的方式就是混搭。它和轉動形式的魔術方塊的區別在於：轉動形式的魔術方塊是指改變一件事情的某些構成元素，混搭則是指把兩件原本看似非常不相關的事情糅合在一起。

　　讓我們來做一個假設：你想成為一名喜劇演員，可是你的媽媽希望你成為一名鋼琴家。你該怎麼辦呢？

　　有一個人兩樣都沒耽誤。先不管他是誰，讓我們來看看他是如何左右兼顧的。

　　他走上舞臺，站在鋼琴邊上，問臺下的觀眾：「你們喜歡好聽的音樂嗎？」

　　「是的。」一位觀眾回答道。

　　這時，他並沒有開始演奏，而是拿起樂譜遞給那位觀眾，說道：「給你！這要兩美元。」（做出要賣樂譜並收錢的樣子）

　　觀眾被這個不按套路出牌的鋼琴家逗得大笑。

　　當彈到情緒激昂的片段時，他會跟著音樂突然從椅子上蹦起來，摔到地上，隨後不慌不忙地打開椅子上方的蓋子，裡面居然藏著兩條固定好的像安全帶一樣的東西。他將帶子綁在身上說道：「為了安全，我要繫好安全帶。」

　　有一次，在他演奏時觀眾沒聽懂他彈的是哪首曲子。這時，他突然意識到樂譜擺反了，所以彈出來的音符順序是倒過來的，於是他趕緊把樂譜上下調轉一百八十度，重新開始彈奏，這時才響起大家熟悉的《威廉・泰爾》序曲 d。

────────────

d　這首曲子也是由 Part 1 提到的羅西尼創作的。

　　當演奏快結束時，他卻反覆不停地彈著同一個音符無法繼續。怎麼回事呢？哦，原來他發現這首曲子的最後那個音符，還在之前給觀眾的那張樂譜上。這時，他走下臺，從觀眾手裡拿過那張樂譜並把音符從紙上撕下來，沾了一下唾沫，黏在鋼琴上，終於彈出了最後的音符。這時，觀眾又一次哄堂大笑。

　　這位便是丹麥的喜劇演員兼鋼琴家──維托‧埔柱。他表演的《音樂中的喜劇》以八百四十九場演出成為戲劇史上持續時間最長的單人表演，並列入了金氏世界紀錄。[46] 在他誕辰一百週年之際，哥本哈根為他豎起了一座雕像，這不只是因為他鋼琴彈得好，也不只是因為他的表演超過了其他喜劇演員，而是因為他融合了這兩者。

　　喜劇表演和鋼琴演奏本是兩件完全不同的事情，但是維托把兩者巧妙地混搭在了一起，並稱之為「音樂喜劇」。

　　當然，我們並不需要創立一個全新的劇種或者流派，哪怕是日常的事情，我們都可以嘗試把它們拉扯到一起。在上個 Part 中我們就提到，事物之間往往有著各種微妙的關聯，關鍵是我們能夠去發現並嘗試。其實已經有許多不同的事物進行混搭的案例可以借鑑，例如：透過在培訓中讓大家玩樂高積木，來洞察領導力的核心要素（玩積木與培訓的混搭）；運動比賽和公益募捐的混搭；在我參加的一次山地徒步活動中，導師交代了一個寫作任務——用文字描述路途中的細節與見聞，這讓我在整個過程中都帶著格外好奇的眼睛去觀察，這是徒步與寫作的混搭；等等。

　　我在一次偶然的嘗試中也體會到了混搭帶來的驚喜。那次是和一位私募基金公司高階主管做一對一輔導，對方是一位對自己要求很高，而且工作態度很嚴謹的女士，她希望能夠提升演講的感染力。記得輔導當天，她忙完工作已經是深夜，我來到她的辦公室後，基於她描述的演講場景，讓她進行演練。同時，我現場指導她在演講的過程中應該注意什麼，其中有一部分技巧是關於演講時的音調（聲音的高低）和音量（聲音的強弱）變化，以及語速的快慢變化。

　　演練了幾次後，我感受到了她的一些改善，不過還不夠明顯，她的感染力還沒有達到預期的狀態。隨後，我們決定先休息一會，我便拿著一杯飲料到窗邊看風景。就在那時，我的思緒開始不自覺地發散開來，大腦中閃現出指揮家卡洛斯·克萊伯[e]在指揮時的畫面，他揮舞

---

[e] 卡洛斯‧克萊伯既是一名指揮家，也是一個完美主義者，如果排練不完美，他寧可取消演出，他在臺上如孩子般有活力。他曾被《BBC（英國廣播公司）音樂》雜誌評為「史上最偉大的指揮家」，但其一生只接受過一次採訪。

著手臂，時而激昂，時而輕巧，時而飛快，時而悠緩，富有變化的音樂從他的指揮棒流淌出來。頃刻間，我的腦海中冒出一個很隨興的想法。我轉過身告訴她：「你現在就是樂器，跟著我的指揮來演講！」

隨即，我稍顯誇張地擺出像指揮家的手勢，來體現聲音的高低、強弱、快慢，並讓她跟著我的手勢來發音。她的興致顯然要比先前高得多，並且隨著節奏的起伏，她更加投入，也更加放鬆。就這樣，那天晚上她第一次帶著笑意完成了演講。在深夜的四十樓，一個「冒牌指揮」，一個「純人聲樂器」，演奏出了「怪異」的音樂。

演講能力的提升並非一日之功，我也不是魔術師，但那次「演奏」讓她徹底在演講練習中打開了自己並找到了感覺。這對我來講也是一次意外的收穫。在這之前，我從來沒有以這樣的方式做過輔導。音樂指揮怎麼可以混到演講練習裡來呢？但沒想到的是，這次混搭的效果出奇地棒。後來，這個靈感也被我拍成了影片，並且作為一個練習環節用在了我的培訓課中。

在行事中，把本不相關的事物進行混搭，會帶來一份新鮮感，因為這是人們沒有見過或體會過的。正是因為混搭多了一層美妙的複雜度，它會調動我們的好奇心與注意力，開啟多一層的思考、多一份的投入，進而帶來思想上的衝擊與火花。

4. 走窄門

反自然、反人性的事情總是最難的。水總會沿著斜坡流下來，人總會選擇最容易的那條路上山。我們總是傾向於選擇簡單易行的事，做那些已經被別人驗證過的事，走那些被許多人踏過的路。我們喜歡

那道寬的門。

不可否認，走寬門是安全的，也是有回報的。比如在完成一個專案時，選擇容易的方式可以讓我們的投資報酬率比較高，許多人都去做的事大概率是由於人們嘗到了回報的甜頭，被驗證過的商業模式可以縮短我們的學習路徑，主流的行為方式也一定有其成為主流的道理。

但不要忘記，寬門的初始，終究還是窄門。假如所有人都走寬門的話，世界將失去它的豐富性。那些艱難的、荊棘密佈的路，雖然走的人少，卻是一種讓人心生敬意的有趣。

「不嚴肅」詞典

英國作家山繆・詹森就是一位走窄門的人。他花了足足九年的時間（一七四七～一七五五年），編寫了一部《詹森字典》[47、48]。有人

可能會想這有什麼了不起的，英文詞典到處都是，而且之前已經有了一些英文詞典，例如：

‧ 一五八二年，理查‧馬爾卡斯特編撰了一份英語單字表，但還沒有單字的釋義。[49]

‧ 一六〇四年，羅伯特‧考德里寫出了第一本帶有釋義的詞典《按字母順序排列的詞表》，但裡面只囊括了兩千多個單字。

‧ 一七〇四年，約翰‧哈里斯編撰了一部垂直領域的專業詞典《藝術與科學通用英語詞典》。

‧ 一七三〇年，內森‧貝利寫出了《大不列顛大詞典》，包括四萬多個單字。

不過，山繆做的要更加特別。首先，他開創了引用例句來解釋單詞的方法，而不僅僅是像《大不列顛大詞典》那樣，只是直接描述詞的含義。這意味著大量的工作：他連同雇傭的七個助理翻閱了海量的名家著作，包括莎士比亞、培根、史賓塞、波普等人的作品，並把其中適合的句子摘抄到近百本筆記本上，然後再按照字母順序重新排列，這讓整本字典簡直就像是一本文集。

哲學家大衛‧休謨描述這個詞典：「它已不僅僅是一本參考書，而是一部文學作品。」例如他對「fart」（屁）這個詞的解釋引用了詩人約翰‧薩克林的詩：

愛就像每個人心中的屁，

如果憋著，難受；

如果釋放，會傷害別人。

Love is the fart

Of every heart;

It pains a man when 'tis kept close;

And others doth offend, when 'tis let loose.

此外，他走的另一道窄門是在本應嚴謹的詞典中，增添了「頑皮」。

讓我們來看看，對於一些詞，他是如何解釋的。

燕麥，名詞：一種穀物，在英格蘭通常是給馬吃的，但在蘇格蘭是給人吃的。

Oats, noun: A Grain, which in England is generally given to horses, but in Scotland supports the people.

枯燥的，形容詞：不令人振奮、不令人愉快的。比如，編字典就是一件枯燥的工作。

Dull, adjective: Not exhilarating; not delightful. As, to make dictionaries is dull work.

贊助人，名詞：表示贊同、支持或保護的人。通常是一個卑鄙的人，他以傲慢的態度支援別人，並經常得到奉承。

Patron, noun: One who countenances, supports or protects. Commonly a wretch who supports with insolence, and is paid with .attery.

狼蛛，名詞：一種昆蟲，被牠咬了之後，你只能靠音樂治癒。

Tarantula, noun: An insect whose bite is only cured by music.

政治家，名詞：1.精通政府藝術的人，精通政治的人；2.詭計多端的人，深謀遠慮的傢伙。

Politician, noun: 1. One versed in the arts of government; one skilled in politicks. 2. A man of arti.ce; one of deep contrivance.

詭計，名詞：狡猾，技巧，小策略，消遣，欺詐，欺騙。一個既不優美也無必要的法語詞。

Ruse, noun: Cunning; artifice; little stratagem; trick; wile; fraud; deceit. A French word neither elegant nor necessary.

他的注解如此不嚴肅，又透露著深刻或有趣的嘲諷。

山繆所做的事，是走沒有人走過、甚至是伴有風險的窄門，但當邁出這一步並走下去之後，他所做的事就成了獨特的存在。就像偉大的爵士樂手邁爾士・戴維斯說的那樣：「不要演奏那些已經有的，演奏那些還沒有的。」

當然，「走窄門」並不意味著要像山繆一樣花八年的時間。比如，安妮・埃德森・泰勒做的事只花了十幾分鐘。

安妮與瀑布

安妮是一位女教師，她晚年獨自生活。一九〇一年，六十三歲的安妮在家讀報紙時，發現近期有一個泛美博覽會在尼加拉大瀑布附近

舉行。她小時候去過那裡，知道那是一個很受遊客歡迎的地方。據她
回憶：「我放下報紙，坐下來想了一會，這個念頭在我的腦海中靈光
一閃——乘坐木桶穿越尼加拉大瀑布。沒有人曾完成這份壯舉！」她
決定用這樣的方式賺取一些生活費用。

　　隨後，她馬上採取行動，先是去啤酒木桶製造廠訂製了一個木桶，
裡面配置軟墊和皮質安全帶，而後又聯絡了一位活動經紀人進行宣傳。
當然，她並不是那麼魯莽，而是仔細研究了應該從瀑布上游的哪裡出
發，會掉落到下游的什麼位置，以便朋友用船來接應她。另外，她還
先用一隻貓做了一次實驗，發現貓平安無事後，她才正式向瀑布發起
挑戰！

安妮與她的木桶[50]

十月二十四日，在她生日的那天，她把自己裝進了木桶，隨著尼加拉河的水流漂浮到了瀑布上。緊接著，遊客目睹了他們一生從未見過的景象，木桶從近五十公尺的瀑布墜下。

事先待命的救援人員趕緊乘著船去打撈木桶，安妮平安無事，瀑布旁的觀眾為她的壯舉歡呼起來。

當天，《紐約時報》用了大篇幅來報導這位第一個從瀑布上落下的女性，隨後有漫畫家畫出了她的事蹟，還有劇作家將她的故事改編成了音樂劇。到處都流傳著安妮的故事。

窄門之後的寬門

我們在做每一件事情時，都會在大腦裡快速地進行有意識的或無意識的成本效益分析：這個事情的風險是不是太大了，不值得去做；那個專案在風口上，應該更容易成功。這就好像我們快速計算了一次二減一等於一或者二除以一等於兩百％（二是收益，一是成本）。

可是，我們忽略了一個重要概念──諾貝爾經濟學獎得主赫伯特・賽門提出的人的「有限理性」[51]，即我們會基於獲知的資訊嘗試做出理性的決策，但任何一個人能夠掌握的資訊都是有限的，因此我們所謂的理性決策不可能是最優的。這不僅是因為我們自身認知的局限性，還有外界條件的不確定性。

例如：狐狸無法預料，近在咫尺的野兔其實是獵人為了捕殺牠們放置的誘餌；我們無法準確判斷，在網路上評分高、排隊長的餐廳是不是味道就一定好；當一個企業在制訂戰略時，無法精準地預測出競爭對手會採用何種戰略，而競爭對手的戰略又會被其他因素影響，如

客戶需求的變化、經濟形勢、政治局勢等；同樣，我們也無法準確判斷那道寬門的回報是不是一定更高。

我們很難看到未來的各種可能性，很難預見當下的行動會帶來什麼連鎖反應，只不過**我們把自認為的判斷當作了眼下的安慰，繞過了窄門，卻也錯過了窄門後面的寬門。**

在讀 MBA 的兩年裡，大家都會在第一學年結束後的暑假找一份實習工作，一是為了賺一些錢維持生活或者償還留學貸款，二是為了透過實習找到自己喜歡工作。當時班上同學主要申請的是三大類公司：投資銀行（如摩根史坦利）、諮詢公司（如麥肯錫）、其他跨國企業（如Google）。我卻被一個不屬於以上任何一類的公司吸引了。

學校設立了一個創業專案叫「倫敦商學院諮詢」，這個專案會篩選出七名學生在暑期成立一個臨時性的諮詢公司。之所以是臨時性的，是因為這個公司只運行一年，目的是鍛鍊我們。除此之外，它和正式的公司一模一樣。學校只提供辦公室，剩下的事情諸如業務拓展、合約談判、專案實施、財務規劃等都由團隊成員自己解決。公司完全自負盈虧，這也就意味著，在這段時間裡是賠是賺全掌握在我們自己手裡。

要知道當時去投資銀行或正規諮詢公司實習的同學，平均每週的實習薪水在一千五百英鎊左右，而我們的收入起點是零英鎊，終點可能高於一千五百英鎊，但也可能是負數。這顯然是個「窄門」，但我仍然被這個專案吸引了。坦白地講，我當時並沒有什麼細緻的規劃，沒有去預測這個專案會給我帶來什麼，也沒想著我應該走窄門，我只是單純地覺得這個機會很有意思，因為可以和具有不同背景的幾位同

學體驗一次初創公司從零到一的過程，當然也可能從零到負一。

很幸運，我透過了面試，團隊的另外六個人分別來自美國、英國、印度（兩人）、義大利、智利。

好傢伙，我後來才發現這道門是真的窄。因為那個時候，當別的同學已經拿到第一個月的薪水開始請大家喝啤酒時，我們還在苦苦地尋找第一單客戶；當別的同學在各大公司裡和前輩學習成功經驗時，我們團隊成員之間還在為了一些小事吵吵鬧鬧；當別的同學在分析各種全球行業研究報告時，我還拿著裝有巧克力和可樂的塑膠袋，在大街上攔住路人，只為讓他們幫我填一份消費者調查問卷。這一方面使我感受到經濟的壓力，另一方面使我感受到面子的壓力——擔心被同學嘲笑。這哪裡是窄門，這簡直是一扇大鐵門壓在我們背上。

不過，最終結果還算不錯，我們找到了一些客戶，做了滿有意思的諮詢專案，還把一個公司裡的不同崗位可能經歷的事情幾乎都經歷了一遍。重要的是，在第二年我真正意識到這道「窄門」為我帶來了什麼。

轉眼就要開始找全職工作了，大家紛紛去參加不同公司的面試。當我在面試中提到這一段經歷時，毫無例外，每一位面試官都非常好奇，他們會問很多的問題：

「你們是怎麼找到客戶的？」

「你為什麼選擇做創業專案呢？」

「這段經歷會如何幫到你未來的工作？」

「你獲得了哪些在大公司得不到的經驗？」

當一位面試官瞭解到我在這個特殊的實習中，把掃地、買筆、印

刷宣傳單、和客戶談判、分析英國健康消費趨勢等事情全做了一遍時，她驚嘆連她自己都沒有在一份工作中經歷這麼多不同的事情。簡單來說，這個經歷大大提高了我隨後面試的成功率，因為它為我填寫了一張與眾不同的名片。

就像我前面說的那樣，我其實並沒有去預測當初的決策意味著什麼，而且說不定一旦我認真分析了，反而不會選擇走這道門，也就會錯失後面的機會。我無意中撞進了窄門，它卻給了我意外的回報。**窄門打開了更多的寬門。**

當然，我的這段經歷其實是一件很微小的事情，不同的人在不同的階段面對的眾多選擇可能要更複雜、更艱難。然而，不論事情大小，選擇窄門能夠帶給我們的東西都是共通的。**走窄門向外表達的是一種勇氣和一種態度，向內帶給我們的則是一段獨特的經歷，在這段經歷中磨煉過的那些處事方式、思考、品質等會刻在我們人格深處。**

山繆去世後，受到英國的最高禮遇，他和達爾文、牛頓、邱吉爾等人一樣被葬在倫敦的西敏寺。

在安妮穿越尼加拉大瀑布的一百多年後，她晚年居住的城市為她建了一座紀念碑，上面寫著：

「我們需要紀念她，因為那是一段有趣的歷史。」

結語／真正的你

　　至此，我們從系統性地定義有趣，到洞悉有趣對於我們的實際益處，再到認識那些有趣的「殺手」，以及最終如何做到有趣，進行了完整的解析。希望本書中的觀點以及與有趣相關的經歷，可以幫助你敲開有趣這道門，帶給你積極的改變。最後，我希望回歸幾個更廣泛、更基本的話題，以便我們的有趣能夠站穩。

外在與內在

　　從「如何做到有趣」的角度來看，外在的言行最為直觀，而本書提到的表達、行事相關的原則與方法也最容易習得。但我仍然想強調，有趣更為根本的是內在的部分，即我們如何看待自己，我們專注於什麼，我們接受什麼，以及我們如何認知。

　　雖然後面四個篇章是將言行與內在分開來講解，但它們是緊密相關的。無論是表達還是行事，每個原則或方法都是建立在內在基礎之上的。例如表達中的「自嘲」，直觀上看是口頭表達技巧，其實更為關鍵的是我們內心是否能夠接受自己的缺點，而不在意別人眼中的自己，這是內在系統的關鍵（Part 5）；再比如行事中講到的「混搭的火花」，表面看似只是做事方法，卻需要在認知上看到事物之間的關聯

（Part 6），並且沒有顧慮地去展現關聯，這些也同樣是內在的東西。

反過來，當我們的內在足夠豐富、足夠扎實後，外在的部分則會更為輕鬆、自然。假如一個人有著夠廣的認知，或者有著和其他人截然不同的視角，並且能夠放下自我，像個孩子一樣毫無顧慮地分享，那麼他具體的說話技巧則變得次要了，因為他已經足夠有趣。

因此，有趣是由內向外的。

做到與看到

我們留意什麼，就會被什麼牽引。沒有看到，就很難做到。

有趣的人總是會對身邊的點滴投入更多的關注。凱文·哈特的身邊並不是每天都有喜劇；卓別林看到破洞的被子，會聯想到將它套在頭上會變成有趣的披肩長袍；豆豆先生在採訪時對一件日常小事的描述，都充滿了對他人的表情和心理活動的細緻觀察。這個世界上的人與物就是最好的老師與課程。

本書篇幅有限，所列舉的有趣的事、有趣的人僅僅是世界上存在的極小部分，還有太多我喜愛的、未知的人沒有列入本書。我相信本書之外的世界，有著更多的「有趣」等著我們去發現。比如翻開一本從未看過的雜誌，詢問朋友他最喜歡的一個人物，欣賞一部以前只聽過名字的電影，問問同事他正在學習的一項技能，仔細讀一篇和自己觀點相反的文章，去一家從來沒有去過的餐廳，都會發現有趣。我們只有親自看到更多的有趣，才會對有趣產生更多的體會。

所以在某種意義上，有趣需要對抗懶惰。這不是指肉體上的辛苦

勞動或者加班，而是眼睛、思維、心靈上的向前一步，讓自己看到這個世界給予的色彩與啟示。

「有趣」的底色

如果我們歷數這世上所有讓人發笑的事，這顯然超出了本書中有趣的範疇。反過來，本書中所有關於有趣的定義或方法，都可以找到一些極致的例外。

假設有個人講了一個笑話，你可能會發笑，但未必會覺得講笑話的那個人是個有趣的人。在某次選秀節目上，一位選手的表演非常滑稽，技巧十足，然而他並沒有得到評審的青睞，原因在於人們看到的是一個做作的外殼。還有許多邪惡的事情，理論上它們確實滿足本書裡說的「非常規的行為」或「獨到的視角」，但人們明顯不會覺得這些事情有趣。

那麼本書中的「有趣」與上述情況的界限在哪裡呢？

我認為，兩者的界限在於有趣的人除了他們所做的事情本身，身上所透出的一種普世精神與準則，即有趣的底色。

有趣的第一層底色是積極。這是一種發自內心的喜愛（羅西尼對於美食），也可以是一種對於美好的追求（瓦特·杭特研究更安全的別針，梅遜·查伊德看到殘障人士的優勢），又或是一種對世界的洞察與探索（克卜勒探索宇宙中的音樂，同學老湯對生活中的運氣的洞察）。而在先前的反例中，講一個笑話或者只是做出滑稽的動作，不代表就一定擁有積極。有趣不是嘩眾取寵，也不是故作姿態。

有趣的第二層底色是善。沒有善的有趣，一無是處。理察‧費曼在意識到原子彈可能會對人類造成危害後，曾一度陷入壓抑；瓦特‧杭特在發明了縫紉機後，擔心這會導致女工失業，從而放棄了申請專利。包括 Part 5 講到的「童真」，沒有「善」這個標準的話，帶來的很可能會是麻煩，而不是有趣。固然，善不等於有趣，「愛人如己」也不會讓人覺得好玩，但這就是底色，有了底色才可以繼續對有趣上色。

有趣的第三層底色是真實，即有趣來自真正的你。

真正的你

有趣是一個極具個性化的特質。儘管本書列出了有趣的若干種典型特徵，以及如何變有趣的一些普遍性原則與方法，但是其中的每一個點都有夠大的空間去發揮屬於你自己的思想與喜好。

比如，Part 7 提到「無厘頭的比喻」是一種有趣的表達方法，然而一個事物的比喻可以有千萬種，你獨特的想像力決定了那個比喻是什麼；Part 8 提到轉動「形式的魔術方塊」可以讓我們的行事更有趣，不過仍是你獨特的情趣決定了魔術方塊轉動後的顏色；同樣在我們提到「走窄門」時，只有你才能決定具體是哪一道窄門。有趣的方式就像是蒲公英種子長出的絨毛，它們有無數個方向。

因此，你不需要「像」任何一個人，「像自己」就可以，這才是有趣的真諦。你只需要把那些一直藏在身體裡的寶藏挖掘出來，它們不必多麼宏大，也不必多麼閃亮，只要帶著你最原本、真誠的樣子與

情趣就好。

每個人都是獨一無二的，你也一樣。

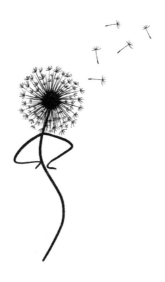

致謝

關於「有趣」的寫作，其本身就是一個有趣的探索過程。當然，除了有趣，寫作偶爾也伴隨著深入思考和靈感枯竭時的孤單與掙扎。好在我得到了身邊眾多人的鼓勵與協助。

我要感謝我的研究助理王景芮，為了讓本書中的每個觀點得到嚴謹的論證，她幫我查閱、篩選、核對了大量的文獻和資料。如果把這些資料列印出來，它們疊起來的厚度足以超過一隻穿著高跟鞋的羊駝的高度。我記得二〇二〇年除夕夜，你還在一邊吃年夜飯，一邊幫我核對一些實驗資料。希望以後的除夕夜，你只需要核對與紅包有關的資料。

同樣非常感謝我的老同學顧仰潔，也是巴黎高等商學院的副教授，在百忙之中抽出時間幫我查閱資料。比起幾年前你幫我和倫敦的房東因為糾紛進行對峙，你在這次的事情上顯然更加得心應手。

還要感謝卓夕琳、俞杭祺、摯友王曉輝，幫我反覆審讀稿件中的每一個字，並用委婉的口吻給了我很犀利的寫作建議。有了你們的幫助，我才敢把這本書送給我的語文老師。

不得不感謝我團隊中的 Victoria，從我開始動筆到印刷成冊，你在各種細節問題以及大方向上都給了我獨到的建議。感謝我的團隊成員

從多個角度給我的回饋與建議，他們將與我一起繼續研究「趣商」這個課題。還要感謝中信出版社的每一位成員，包容我的各種或清晰或模糊的要求，你們專業的修改和建議也確保了本書的品質。

還有許多朋友在日常的閒聊中也給了我很大的啟發，例如余進、葉梅等。在這裡我忘記提及的朋友，記得提醒我，我會親自做一杯卡布奇諾作為補償。

要特別感謝我的妻子 ViVi 和女兒 Jill，兩位有趣的人，你們的愛是我工作和生活的能量來源。哦對了，書中的草莓眼鏡，是女兒和我共同畫出來的。

最後，感謝我的父母，如果我身上的確有一些有趣的東西的話，我知道那源自你們。

參考資料

Part 1

1. Berlyne D E. Curiosity and Exploration[J].Science, 1966, 153(3731): 25-33.

2. Kidd C, Hayden B Y. The psychology and neuroscience of curiosity[J]. Neuron, 2015, 88(3): 449-460.

3. 來源同上。

4. Baillargeon R, Spelke E S, Wasserman S. Object permanence in five-month-old infants[J]. Cognition, 1985, 20(3): 191-208.

5. Berridge K C, Robinson T E. Liking, wanting, and the incentive-sensitization theory of addiction[J]. American Psychologist, 2016, 71(8): 670.

6. https://www.alamy.com/search/imageresults.aspx?qt=B7X4M1

7. 維基百科 https://en.wikipedia.org/wiki/Intelligence_quotient

Part 2

8. Abel M H. Humor, stress, and coping strategies[J]. 2020, 15(4): 365-381.

9. Mesmer - Magnus J, Glew D J, Viswesvaran C. A meta - analysis of positive

humor in the workplace[J]. Journal of Managerial Psych-ology, 2012, 27: 155-190.

10. Thorson J A, Powell F C, Sarmany - Schuller I, Hampes W P. Psychological health and sense of humor[J]. Journal of clinical psychology, 1997, 53(6): 605-619.

11. Cheng D, Wang L. Examining the energizing effects of humor: The influence of humor on persistence behavior[J]. Journal of Business and Psychology, 2015, 30(4): 759-772.

12. Ziv A. Teaching and learning with humor: Experiment and replication[J]. The Journal of Experimental Education, 1988, 57(1): 4-15.

13. Hackathorn J, Garczynski A M, Blankmeyer K, et al. All kidding aside: Humor increases learning at knowledge and comprehension levels[J]. Journal of the Scholarship of Teaching and Learning, 2011, 11(4): 116-123.

14. Lynch O H. Kitchen antics: The importance of humor and maintaining professionalism at work[J]. Journal of Applied Communication Research, 2009, 37(4): 444-464.

15. Fraley B, Aron A. The effect of a shared humorous experience on closeness in initial encounters[J]. Personal Relationships, 2004, 11(1): 61-78.

16. Bitterly T B, Brooks A W, Schweitzer M E. Risky business: When humor increases and decreases status[J]. Journal of personality and social psychology, 2017, 112(3): 431.

17. Wanzer M B, Booth - Butterfield M, Booth - Butterfield S. Are funny

people popular? An examination of humor orientation, loneliness, and social attraction[J]. Communication Quarterly, 1996, 44(1): 42-52.

Part 3

18. Besley J C. Media use and human values[J]. Journalism & Mass Communication Quarterly, 2008, 85(2): 311-330.

19. 來源同上。

20. 菲利普‧津巴多. 不再害羞 [M]. 北京：北京聯合出版公司，_2018：22-23.

21. Hampes W P. Humor and shyness: The relation between humor styles and shyness[J]. Humor - International Journal of Humor Research, 2006, 19(2): 179-187.

22. Kania B F, Wro ska D, Zi ba D. Introduction to Neural Plasticity Mechanism[J]. Journal of Behavioral & Brain Science, 2017, 07(2): 41-49.

Part 4

23. Moseley J B, O'malley K, Petersen N J, et al. A controlled trial of arthroscopic surgery for osteoarthritis of the knee[J]. New England Journal of Medicine, 2002, 347(2): 81-88.

24. March J G. Primer on decision making: How decisions happen[M]. Simon and Schuster, 1994: 65-75.

Part 5

25. Piaget J. Egocentric thought and sociocentric thought[J]. Sociological studies, 1951: 270-286.

26. Bruce C D, Davis B, Sinclair N, et al. Understanding gaps in research networks: using "spatial reasoning" _as a window into the importance of networked educational research[J]. Educational Studies in Mathematics, 2017: 143-161.

27. Gilovich T, Kruger J, Medvec V H. The spotlight effect revisited: Overestimating the manifest variability of our actions and appearance[J]. Journal of Experimental Social Psychology, 2002, 38(1): 93-99.

28. Weber J M, Kopelman S, Messick D M. A conceptual review of decision making in social dilemmas: Applying a logic of appropriate-ness[J]. Personality and social psychology review, 2004, 8(3): 281-307.

29. Curran T, Hill A P. Perfectionism is increasing over time: A meta-analysis of birth cohort differences from 1989 to 2016[J]. Psychological Bulletin, 2019, 145(4): 410-429.

30. Aronson E, Willerman B, Floyd J. The effect of a pratfall on increasing interpersonal attractiveness[J]. Psychonomic Science, 1966, 4(6): 227-228.

31. Bruk A, Scholl S G, Bless H. Beautiful mess effect: Self-other differences in evaluation of showing vulnerability[J]. Journal of Personality and Social Psychology, 2018, 115(2): 192-205.

Part 6

32. Simonton D K. Foresight, insight, oversight, and hindsight in scientific discovery: How sighted were Galileo's telescopic sightings?[J]. Psychology of Aesthetics, Creativity, and the Arts, 2012, 6(3): 243-254.

33. 美國國家航空暨太空總署 . https://moon.nasa.gov/news/155/theres-water-on-the-moon/

34. Root-Bernstein R, Allen L, Beach L, et al. Arts foster scientific success: avocations of nobel, national academy, royal society, and sigma xi members[J]. Journal of Psychology of Science and Technology, 2008, 1(2): 51-63.

35. Root-Bernstein R S, Bernstein M, Garnier H. Correlations between avocations, scientific style, work habits, and professional impact of scientists[J]. Creativity Research Journal, 1995, 8(2): 115-137.

36. Kepler J, Caspar M. Harmonice Mundi[M]. Beck, 1940.

37. North A C, Hargreaves D J, McKendrick J. The influence of in-store music on wine selections[J]. Journal of Applied Psychology, 1999, 84(2): 271-276.

38. Noah T. Born A Crime[M]. John Murray, 2017: 250-258.

Part 7

39. https://www.campaignlive.co.uk/article/kfc-fcking-clever-campaign/1498912

40. Marvell A, Harrison T. To His Coy Mistress[M]. ProQuest LLC, 2004.

41. 羅伯特・麥基. 故事 [M]. 天津：天津人民出版社，2014： _219-224.

42. 羅伯特・麥基，湯馬斯・格雷斯. 故事經濟學 [M]. 天津：天津人民出版社，2018：56.

Part 8

43. Thomas A. "Form vs. Matter" _, The Stanford Encyclopedia of Philosophy (Summer 2020 Edition) [M/OL]. Metaphysics Research Lab, Stanford University, 2020[2022-02-10].https://plato.stanford.edu/archives/sum2020/entries/form-matter/

44. Richards B A, Frankland P W. The Persistence and Transience of Memory[J]. Neuron, 2017, 94(6): 1071-1084.

45. https://www.alamy.com/search/imageresults.aspx?imgt=0&qt=M098HD

46. Young M C. The Guinness Book of World Records 1999[M]. Bantam Books, 1999.

47. DeMaria R. Johnson's Dictionary and the Language of Learning[M]. UNC Press Books, 2000.

48. De Witt T S, Noyes G E, Stein G. The English Dictionary from Cawdrey to Johnson, 1604-1755[M]. North Carolina State University Print Shop, 1946.

49. 維基百科 .https://en.wikipedia.org/wiki/Richard_Mulcaster

50. https://www.alamy.com/search/imageresults.aspx?imgt= 0&qt=JR30WM

51. Simon H. A behavioral model of rational choice, in models of man, social

and rational: mathematical essays on rational human behavior in a social setting[J]. New York: Wiley, 1957.

高寶書版集團
gobooks.com.tw

新視野 New Window 270

高趣商思維：比智商、情商更稀有的能力！創造不凡的「有趣」係數 放大你的表達力、思考力、行銷力、領導力

作　　者	朱老絲
責任編輯	陳柔含
封面設計	黃馨儀
內頁排版	賴姵均
企　　劃	何嘉雯、鍾惠鈞

發 行 人　朱凱蕾
出　　版　英屬維京群島商高寶國際有限公司台灣分公司
　　　　　Global Group Holdings, Ltd.
地　　址　台北市內湖區洲子街 88 號 3 樓
網　　址　gobooks.com.tw
電　　話　(02) 27992788
電　　郵　readers@gobooks.com.tw（讀者服務部）
傳　　真　出版部　(02) 27990909　行銷部 (02) 27993088
郵政劃撥　19394552
戶　　名　英屬維京群島商高寶國際有限公司台灣分公司
發　　行　英屬維京群島商高寶國際有限公司台灣分公司
初版日期　2023 年 08 月

原書名：有趣

國家圖書館出版品預行編目（CIP）資料

高趣商思維：比智商、情商更稀有的能力！創造不凡的「有趣」係數，放大你的表達力、思考力、行銷力、領導力 / 朱老絲著 . -- 初版 . -- 臺北市：英屬維京群島商高寶國際有限公司臺灣分公司, 2023.08

　面；　公分 . -- (新視野 270)

ISBN 978-986-506-777-9 (平裝)

1.CST: 職場成功法

494.35　　　　　　　　　　112010112